Mathe macchiato Analysis

**Unser Online-Tipp
für noch mehr Wissen ...**

... aktuelles Fachwissen rund
um die Uhr – zum Probelesen,
Downloaden oder auch auf Papier.

www.InformIT.de

Heinz Partoll · Irmgard Wagner
Illustriert von Peter Fejes

Mathe macchiato Analysis

Cartoon-Mathematikkurs für
Schüler und Studenten

ein Imprint von Pearson Education
München · Boston · San Francisco · Harlow, England
Don Mills, Ontario · Sydney · Mexico City · Madrid · Amsterdam

Bibliografische Information Der Deutschen Bibliothek

Die Deutsche Bibliothek verzeichnet diese Publikation in der Deutschen Nationalbibliografie; detaillierte bibliografische Daten sind im Internet über http://dnb.ddb.de abrufbar.

Die Informationen in diesem Buch werden ohne Rücksicht auf einen eventuellen Patentschutz veröffentlicht. Warennamen werden ohne Gewährleistung der freien Verwendbarkeit benutzt. Bei der Zusammenstellung von Texten und Abbildungen wurde mit größter Sorgfalt vorgegangen. Trotzdem können Fehler nicht ausgeschlossen werden. Verlag, Herausgeber und Autoren können für fehlerhafte Angaben und deren Folgen weder eine juristische Verantwortung noch irgendeine Haftung übernehmen.
Für Verbesserungsvorschläge und Hinweise auf Fehler sind Verlag und Herausgeber dankbar.

Alle Rechte vorbehalten, auch die der fotomechanischen Wiedergabe und der Speicherung in elektronischen Medien. Die gewerbliche Nutzung der in diesem Produkt gezeigten Modelle und Arbeiten ist nicht zulässig.

Fast alle Produktbezeichnungen und weitere Stichworte und sonstige Angaben, die in diesem Buch verwendet werden, sind als eingetragene Marken geschützt. Da es nicht möglich ist, in allen Fällen zeitnah zu ermitteln, ob ein Markenschutz besteht, wird das ® Symbol in diesem Buch nicht verwendet.

Umwelthinweis:
Dieses Produkt wurde auf chlorfrei gebleichtem Papier gedruckt.

10 9 8 7 6 5 4 3
08 07

ISBN 978-3-8273-7140-9

© 2005 Pearson Studium
ein Imprint der Pearson Education Deutschland GmbH
Martin-Kollar-Str. 10-12, D-81829 München
Alle Rechte vorbehalten
www.pearson-studium.de

Lektorat: Michaela Heine, mheine@pearson.de
Korrektorat: Petra Kienle, Fürstenfeldbruck
Herstellung und Satz: m2 design, Sterzing, www.m2-design.org
Druck und Verarbeitung: Graficas Cems

Printed in Spain

Inhalt

Vorwort   7
Bevor wir richtig anfangen ...

Teil I Differenzialrechnung
Einblick ins unendlich Kleine

1   Der Start   17
Die Grenze überschreiten

2   Die Ableitung als Funktion – höhere Ableitungen   29
Der Start in die Neuzeitmathematik

3   Grundlegende Differenziationsregeln   33
Die ersten neuen Maschinen

4   Tangente an eine Kurve   41
Berührende Mathematik

5   Extremwerte   45
Der mathematische Gipfelstürmer

6   Die Kettenregel   55
Mathematische Ketten sprengen

7   Die Ableitung als lineare Näherung   65
Mathematischer Flirt

8   Die Ableitung des Produktes und des Quotienten   69
Irgendwo ist immer ein Haken

9   Kurvendiskussion ganzer Funktionen   77
Mathematischer Schönheitswettbewerb

10   Die Ableitung der Winkelfunktionen   85
Das „verwinkelte" Argument

11   Newton'sches Näherungsverfahren   93
Im Zickzackkurs zur Lösung

12 Ableitung der Exponentialfunktion und des Logarithmus   **99**
Wo sich die Katze in den Schwanz beißt

13 Umkehrung der Kurvendiskussion   **111**
Mathes Maßschneiderei

Teil II Integralrechnung
Von den Teilen zum Ganzen

14 Erste Schritte in der Integralrechnung   **117**
Das Ganze ist mehr als die Summe der Teile

15 Numerische Integration   **135**
Wie Mathe Kriminalfälle löst

16 Einfache Integrationen   **141**
Wie ein Kopfstand Probleme löst

17 Das Volumen von Drehkörpern   **151**
Was sich dreht, integriert sich scheibchenweise

18 Substitution und partielle Integration   **155**
Aus der Trickkiste

19 Abschluss   **167**
Happy End?

Anhang
Übersichtlich und praktisch

A1 Piktogramme   **171**
Zum Nachschlagen

A2 Praxistraining   **173**
Alles klar?

Stichwortverzeichnis   **181**

Vorwort

BEVOR WIR RICHTIG ANFANGEN...

Vorwort

Warum es zu Mathe macchiato eine Fortsetzung gibt

Latte macchiato, das Kultgetränk aus Milchschaum und starkem Espresso hat diesem Buch seinen Namen gegeben. Genauso wollen wir die Mathematik mit Unterhaltung aufmischen, damit Aha-Momente Lust machen auf eine Entdeckungsreise in die Mathematik und ihre Geheimnisse.

„Latte macchiato" heißt wörtlich übersetzt „befleckte Milch". Die „befleckte Mathematik" stellt ein Gegenprogramm zur „reinen Mathematik" dar. Wir möchten die reine Wissenschaft mit der dunkelbraunen, aber äußerst anregenden Praxisbrühe beflecken. Wir wissen: Nur dann lässt sich das Gelernte im weiteren Studium und wirklichen Leben sinnvoll anwenden.

Das war das Konzept von *Mathe macchiato*. Uns erreichten zahlreiche begeisterte Leserzuschriften. Dozenten haben das Buch für ihren Unterricht eingesetzt. Wir wurden nach einer Fortsetzung gefragt.

Das erste Buch *Mathe macchiato* schließt mit einer kurzen Einleitung zum Differenzieren. Es macht dort Halt, wo für viele Schüler und Studenten die Hürden beginnen. Hier möchte *Mathe macchiato Analysis* anschließen. Es wird bildliche Darstellung und Humor durch Cartoons in einen Bereich bringen, der als sehr abstrakt gilt. Mathe macchiato Analysis zeigt, dass Analogien und Lachen auch abstrakte Konstruktionen der Mathematik einleuchtend machen.

Bei den Beispielen blieben wir dem Prinzip treu, dass sie nicht abstrakt, sondern konkret aus interessanten Problemstellungen unserer technisierten und ökonomisierten Umwelt stammen. Sie haben den Vorteil, dass sie unmittelbar zeigen und motivieren, wo die Analysis angewendet werden kann, auch wenn sie manchmal komplexer sind, als beschönigte Schulbeispiele. Künstliche Beispiele erziehen nicht zum problemlösenden Denken, das für Studium und Anwendung im Leben nötig ist. Die PISA-Studie hat unsere Defizite offenbart. Der Ansatz *Mathe macchiato* ist ein Schritt in eine neue Richtung.

Vorwort

Wer das Ganze geschrieben hat

Das Duo Heinz Partoll und Irmgard Wagner, zwei Mathematiker mit langjähriger Erfahrung in Schule und Hochschule, das den ersten Teil geschrieben hat, hat auch dieses Buch in vielen Diskussionen entwickelt. Für dieses Buch ist als Illustrator Peter Fejes dazu gestoßen, der durch eigene Unterrichtstätigkeit im Fach Grafik das Denken und den Humor der Schüler und Studenten kennt. Mit dem Spaß und den interessanten Einsichten, die wir bei der gemeinsamen Arbeit hatten, wollen wir den Mathematikunterricht neu beleben.

Mit wem Sie es hier zu tun haben

Die Gespräche in diesem Buch führen Mathe Haari, die Mathematik wie einen Geheimauftrag entwickelt, Dr. Know, der ihr schon mal zu nahe tritt, und Igor, der immer wieder den Ausgleich mit dem nötigen Wissen schafft. Hinzu gesellt sich der stumme Diener Tra-fo, der lustige Merkhilfen bietet. Die vier möchten Sie in ihre Welt entführen und mit Ihnen Freundschaft schließen. Sie werden von Ihnen in die Geschichte mit hineingenommen. Auch wenn die vier Hauptakteure der Geschichte am Anfang sehr höflich und distanziert miteinander umgehen, verzichtet der Buchtext in alter Tradition von *Mathe macchiato* auf das „Sie". Und Sie werden sehen: Es ist ein schönes Gefühl, auch Ihrerseits zur Mathematik „du" sagen zu dürfen!

Vorwort

Für wen und wofür dieses Buch gedacht ist

Dieses Buch *Mathe macchiato Analysis* ersetzt kein Mathematiklehrbuch. Sie können es lesen zur Unterhaltung, zur Ergänzung des Mathematikunterrichts oder der entsprechenden Lehrveranstaltung. Es führt durch den Analysis-Lehrstoff, der für das Abitur gebraucht wird und der in den Grundvorlesungen vieler Studienrichtungen wiederholt und erweitert wird. Dabei wird alles Wesentliche aus der Differenzial- und Integralrechnung abgedeckt.

Schüler und Studenten können mit diesem Buch ihre Wissens- und Verständnislücken füllen. Lachen und plötzliche Einsichten kürzen stundenlanges Büffeln ab. Wir wollen aber nicht verschweigen, dass Üben notwendig ist. Die Beispiele des Buchs wollen zum Weitertrainieren anregen und enthalten lustige Merkhilfen.

Wie Mathe macchiato die Analysis plausibel macht

Die Differenzialrechnung wird seit *Weierstrass* (1870) über den Grenzwert eingeführt, da diese Methode die ersten korrekten Beweise für dieses Kalkül lieferte. Gerade diese Methode ist pädagogisch aber nur für die einfachsten Differenziationsregeln zu gebrauchen. Für die schwierigeren Regeln ist sie zu unanschaulich.

Der Effekt war, dass Differenziationsregeln nicht mehr bewiesen, ja nicht einmal mehr plausibel gemacht wurden. Mathematik, die nicht verstanden wurde, ist aber nicht anwendbar. PISA hat dies gezeigt, obwohl Prüfungs- und insbesondere Abiturbeispiele durchaus anspruchsvoll aussehen. Was dahintersteckt und niemand auf Anhieb sieht: Die Prüfungsbeispiele sind vorher geübten Beispielen so ähnlich, dass sie über Analogieschlüsse gelöst werden können. Genau das befähigt aber nicht, Mathematik als mögliche Lösungsstrategie für neue oder auch nur ungewohnte Probleme erkennen und einzusetzen zu können. Deshalb ist das anwendbare mathematische Wissen bei Studienbeginn oft sehr gering.

Unser Anliegen ist es, die Differenzial - und Integralrechnung durchschaubar zu machen. Daher folgen wir zunächst dem konventionellen Weg für die einfachen Regeln. Für die schwierigeren Regeln, greifen wir die ursprüngliche, intuitive Auffassung von *Newton* und *Leibniz* auf, die statt mit dem Grenzwert mit „unendlich kleinen, differentiellen Größen" und „unendlich benachbarten Punkten" zwei Jahrhunderte lang erfolgreich gearbeitet hat. Diese sehr anschauliche Vorstellung ist als „nicht exakt" in Verruf gekommen, bis sie durch die *„Nonstandard Analysis"*

Vorwort

(Abraham Robinson) rehabilitiert wurde. Allerdings hat diese ca. 1960 entwickelte, intuitionsnahe Methode bis heute kaum einen pädagogischen Niederschlag in Lehrbüchern bzw. in der Ausbildung gefunden.

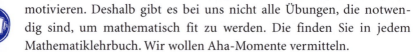

Warum ganz hinten ein Praxistraining drin ist

Was in normalen Lehrbüchern Übungen genannt wird, weil Sie als Leser dabei etwas tun müssen, heißt bei uns Praxistraining. Wie auch sonst in unserem Buch wollen wir Sie durch Beispiele aus dem wirklichen Leben motivieren. Deshalb gibt es bei uns nicht alle Übungen, die notwendig sind, um mathematisch fit zu werden. Die finden Sie in jedem Mathematiklehrbuch. Wir wollen Aha-Momente vermitteln.

Damit Ihr Lesegenuss nicht zu sehr leidet, haben wir diese Trainingsabteilung an den Schluss des Buchs gestellt.

Im Internet unter *www.pearson-Studium.de* finden Sie ausführliche Lösungen zu diesen Übungsaufgaben. Außerdem finden Sie ein paar Bilder des Buchs, die Sie als Folie verwenden können, um Ihren Unterricht zu beleben.

Konventionen des Buches

Stopp, vor dem Weiterlesen trainieren. Hier einfach üben, üben, ... Aufgaben dazu finden Sie in jedem Mathelehrbuch.

Dieses und ähnliche Zeichen sind ein Hinweis auf eine bestimmte Regel. Es sind die kleinen Helfer bei den Rechnungen. Einen Überblick über alle Piktogramme finden Sie im Anhang.

Danke!

Auch wenn dieses Buch die Mathematik vereinfacht – es zu machen, war wahnsinnig kompliziert: einen logischen Aufbau zu finden, den abstrakten Sachverhalt in Bildern zu formulieren, die manchmal trockene Sache und die mitunter schnoddrige Sprache in Einklang zu bringen, Bilder und Text zusammenzufummeln, Umschmeißen, Korrigieren, zwei Autoren und einen Illustrator harmonisieren ... Mensch, sind wir froh, dass das geklappt hat! Möglich wurde das nur durch viele engagierte Menschen.

Vorwort

Danke dem Verlag *Pearson Studium*, insbesondere *Doris Linka* und *Michaela Heine*, die dieses Vorhaben mit Rat und Tat unterstützt haben.

Danke an Herrn *Dr. rer. nat. Michael Orlob* von der Universität Paderborn und Herrn *Dipl. Math. Andreas Lindenberg*, die beide das Manuskript gelesen und manchen nützlichen Rat gegeben haben.

Danke an Herrn *Dr. Klaus Schindler* und *Dr. Markus Paul* für so manchen wertvollen fachlichen, wie didaktischen Hinweis.

Danke an die Korrekturleserin *Petra Kienle*, die dafür gesorgt hat, dass Mathe Haari und Co. fehlerfreies Deutsch sprechen.

Danke an *Werner Tiki Küstenmacher* für die Arbeit am ersten Buch *Mathe macchiato* und dessen Vorgänger. Er hat die erste Idee zu diesen Cartoons mitentwickelt. Danke, dass wir Bildideen zum Differenzial, die im ersten Buch schon vorkamen, verwenden konnten.

Danke ganz besonders an unsere Familien und Freunde, die uns in der manchmal mühsamen Kreativphase unterstützt haben.

Der allergrößte Dank geht aber an Sie, liebe Leserin und lieber Leser. Dass Sie die Mathematik neu entdecken wollen, dass Sie dieses Buch lesen und sich dabei sogar Zeit nehmen für die Dankeseite – das ist einen Sonderapplaus für Sie wert. Bitte: Wenn Sie Spaß, Einsichten und Erfolgserlebnisse dabei hatten, sagen Sie's weiter! Wenn nicht, sagen Sie's uns. Wir freuen uns darüber, von Ihnen zu hören. Sie wissen ja: Im Internetzeitalter sind Buchautoren nur einen Mausklick von Ihnen entfernt.

Genug mit dem Vorspann. Jetzt geht's los.

Viel Spaß und mathematische Einsichten wünschen

Heinz Partoll · h.partoll@chello.at

Irmgard Wagner · irmwagner@t-online.de

Peter Fejes · fejes.peter@gmx.at

Innsbruck, München Juni 2005

Teil I

DIFFERENZIALRECHNUNG
EINBLICK INS UNENDLICH KLEINE

Der Start
Die Grenze überschreiten

Ein schwerer Stein fällt schneller zu Boden als ein leichter. Davon waren die Menschen lange überzeugt, auch noch um das Jahr 1500 herum. Der italienische Gelehrte Galileo Galilei aber wollte das nicht glauben, nur weil es so in den alten Büchern stand. Er wollte es selbst ausprobieren.

Der Legende nach hat er deshalb große Steine vom Schiefen Turm von Pisa hinabgeworfen. Dabei stellte sich schnell heraus, dass alle Steine gleich schnell fielen.

Eine Ausnahme gab es nur bei Federn und anderen leichten Sachen, die von der Luft gebremst wurden.

Einmal auf den Geschmack gekommen, wollte Galilei nun die Fallerei genauer erforschen.

Obwohl ihm genaue Instrumente fehlten, entdeckte er durch weitere Experimente das Gesetz des freien Falls. Dieses Gesetz formuliert den Zusammenhang zwischen verstrichener Zeit und der Strecke, die der fallende Gegenstand zurücklegt. Zuvor sollten wir allerdings klären, was Geschwindigkeit eigentlich ist.

I | Differenzialrechnung

Geschwindigkeit ist das Maß dafür, in welcher Zeit t (lateinisch „tempus") eine bestimmte Wegstrecke s (lateinisch „spatium") zurückgelegt wird.

$$\text{GESCHWINDIGKEIT} = \frac{\text{WEG}}{\text{ZEIT}}$$

Das klassische Symbol für die Geschwindigkeit ist v (lateinisch „velocitas"). Wenn ein 100-Meter-Läufer die Strecke in 10 Sekunden läuft, hat er folgende Geschwindigkeit

$$v = \frac{100\,m}{10\,sec} = 10\,\frac{m}{sec}$$

Ein 100-Meter-Läufer erreicht nach einer kurzen Startphase recht rasch seine Endgeschwindigkeit. Deswegen ist es ziemlich egal, auf welchem Abschnitt der Strecke wir seine Geschwindigkeit bestimmen. Galilei auf dem Schiefen Turm konnte es sich nicht so einfach machen, denn die Geschwindigkeit wächst bei frei fallenden Gegenständen stetig an.

In diesem Fall lässt sich die Geschwindigkeit nur berechnen, wenn der Bewegungsablauf durch einen Zusammenhang zwischen zurückgelegtem Weg und verstrichener Zeit beschrieben ist. Als erfahrene Mathematiker wissen wir, worauf das hinausläuft: eine **Funktion $s(t)$** für diesen Bewegungsablauf, der üblicherweise „freier Fall" genannt wird. Das Gesetz, das wir für diese Funktion brauchen, hat Galilei entdeckt.

Der „krumme" Wert 4,905 hängt mit der irdischen Schwerkraft zusammen (auf anderen Planeten steht da eine andere Zahl). Den doppelten Wert 9,81 m/sec² nennen die Physiker „Erdbeschleunigung".

Wir machen es uns jetzt einfach und glätten den „krummen" Wert: Wir runden 4,905 auf 5 auf. Diese Genauigkeit reicht uns hier.

An der Funktionskurve kann man schön erkennen, wie die Geschwindigkeit beim freien Fall rasant zunimmt.

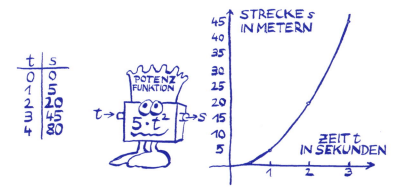

Mit Hilfe dieser Funktion können wir jetzt nicht nur berechnen, wie lange der Stein für 45 Meter braucht (3 Sekunden), sondern wir können noch knifflige Fragen stellen, zum Beispiel: Wie hoch ist die **Durchschnittsgeschwindigkeit** des Steins während seiner zweiten Flugsekunde?

Dazu müssen wir die Differenzen aus den Wegen und Zeiten bilden.

$$v_{2.\text{SEKUNDE}} = \frac{20-5}{2-1} = \frac{15}{1} = 15 \frac{m}{sec}$$

I | Differenzialrechnung

Genauso können wir die Geschwindigkeit in der dritten Sekunde berechnen und erhalten 25 (immer in m/sec). Da der Stein ständig schneller wird, steigen die Werte kontinuierlich an. Es handelt sich dabei stets um die **durchschnittliche Geschwindigkeit** in der jeweiligen Zeiteinheit.

Geometrisch sind die durchschnittlichen Geschwindigkeiten die Steigungen der zugehörigen **Sekanten**. Eine Sekante schneidet eine Kurve in zwei Punkten. Hier sehen wir an der Zeichnung, dass sich für jedes Wegstück eine andere Durchschnittsgeschwindigkeit ergibt. Denn die Steigungen der Sekanten sind verschieden.

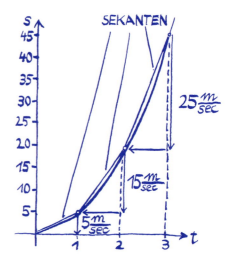

Um die Durchschnittsgeschwindigkeit für beliebige Abschnitte der Fallstrecke zu berechnen, stecken wir das in diese schicke Formel:

20

Der Start | 1

Interessant wäre, zu wissen, welche Augenblicksgeschwindigkeit der Stein zu einem bestimmten Zeitpunkt hat – am reizvollsten ist dabei die Frage, mit welchem Tempo er auf dem Boden auftrifft. Selbst wenn Galileo Galilei schon Stoppuhren und genaue Entfernungsmessgeräte gehabt hätte – das hätte er nicht berechnen können. Wie man so etwas rechnet, war Newton und Leibniz vorbehalten.

Mit der Frage nach der **Momentangeschwindigkeit** kommt die Mathematik an einen entscheidenden Punkt. Der Differenzenquotient gibt die durchschnittliche Geschwindigkeit für einen bestimmten Zeitraum an:

$$v = \frac{\Delta s}{\Delta t}$$

Stellen wir uns vor, wir untersuchen einen winzig kleinen Zeitraum der Flugstrecke des Steins.

Wie mit einer Super-Mega-Lupe fahren wir auf einen bestimmten Streckenabschnitt der Kurve zu. In der wirklichen Welt wäre bei den Atomen Schluss, aber in meiner mathematischen Welt hat die Kurve auch im unendlich kleinen Mikrokosmos immer noch eine Steigung.

21

I | Differenzialrechnung

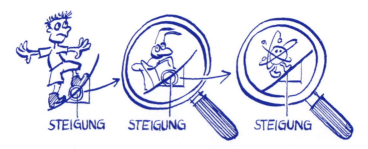

Rechnen wir das jetzt mal praktisch aus für das Ende der dritten Sekunde, wenn der Stein (aufgerundet) 45 Meter tief gefallen ist:

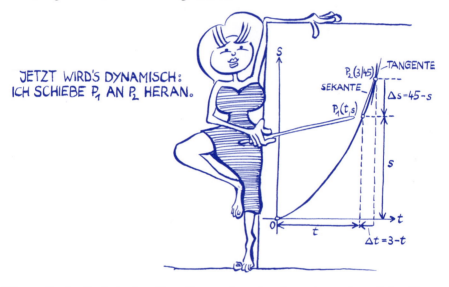

Diesen Punkt P_2 (mit den Koordinaten 3 und 45) stecken wir auf der Kurve fest. Einen weiteren Punkt P_1 (mit den Koordinaten t und s) lassen wir variabel. Anschließend berechnen wir die **Durchschnittsgeschwindigkeit** zwischen diesen beiden Punkten.

Setzen wir P_1 auf den Startpunkt (Koordinaten 0, 0), ergibt sich als Durchschnittsgeschwindigkeit 15 m/sec, das ist das Durchschnittstempo in den ersten drei Sekunden. Setzen wir P_1 auf die erste Sekunde, beträgt die Durchschnittsgeschwindigkeit 20 m/sec, usw. Je näher wir t bei 3 wählen (und damit automatisch s in der Nähe von 45), umso näher kommen wir der Momentangeschwindigkeit, die der Stein nach 45 m freiem Fall erreicht.

Wir schieben den Punkt P_1 immer näher an P_2 heran. Der Mathematiker sagt: Wir bilden den **Grenzwert** oder **Limes** (lim) des Differenzenquotienten und drücken das so aus:

$$\lim_{t \to 3} \frac{45-s}{3-t}$$

Im Zähler steht die Wegdifferenz und im Nenner die Zeitdifferenz. Der Limes lässt die Zeitdifferenz ganz klein werden; sie geht sogar gegen null.

Dann wird aber auch die Wegdifferenz gegen null gehen, weil der Weg durch das Gesetz von Galilei (in gerundeter Form) an die Zeit gekoppelt ist.

$$s = 5 \cdot t^2$$

Wir erkennen das, wenn wir dieses Gesetz im Limes verwenden und für den Weg einsetzen.

$$\lim_{t \to 3} \frac{45 - 5 \cdot t^2}{3-t}$$

Das Verblüffende ist, dass der Quotient aus Zähler und Nenner, obwohl beide gegen null gehen, eine ganz „normale" Zahl – den Grenzwert – ergibt, wie wir gleich sehen werden.

Der Physiker würde das so ausdrücken: Dieser Grenzwert lässt den Punkt $P_1(t, s)$ in den Punkt $P_2(3, 45)$ rutschen. Damit wird die Durchschnittsgeschwindigkeit (die Steigung der Sekante) zur **Momentangeschwindigkeit** (zur Steigung der **Tangente** in P_2). Je näher der Punkt P_1 an P_2 heranrückt, desto kleiner wird der Unterschied zwischen Sekante und Tangente.

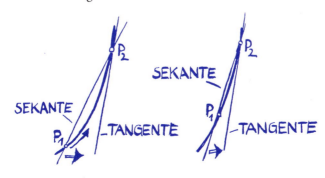

I | Differenzialrechnung

Für die Momentangeschwindigkeit müssten wir für t den Wert 3 einsetzen, was allerdings den Nenner 0 werden ließe. Division durch null macht keinen Sinn – das wissen wir schon lange. Jetzt sind wir an dem Punkt angelangt, an dem erst Newton weiterhelfen konnte.

Newton (und Leibniz) erkannten, dass der Fall nicht hoffnungslos war, weil der Zähler zugleich mit dem Nenner 0 wird.

Neben dieser fast schon philosophischen Idee brauchen wir noch einen kleinen Rechentrick, der den Ausdruck so umformt, dass wir gar keine Division durch null mehr haben.

Weil wir die Galilei-Formel aufgerundet haben, lässt sich das besonders elegant rechnen. Es funktioniert aber auch mit der Originalzahl, nur werden die Ergebnisse dann ganz schön krumm. Hier also die elegant-ungenaue Lösung:

$$\frac{45 - 5 \cdot t^2}{3-t} = \frac{5 \cdot (9 - t^2)}{3-t} = \frac{5 \cdot (3-t) \cdot (3+t)}{3-t}$$

Der Ausdruck 3 - *t* lässt sich herauskürzen, der Nenner verschwindet ganz, das Problem mit der Teilung durch null hat sich erledigt. Nun dürfen wir für *t* einfach den Wert 3 einsetzen und haben damit das Problem gelöst.

$$\lim_{t \to 3} 5 \cdot (3+t) = 30 \frac{m}{sec}$$

Der Stein erreicht nach 3 Sekunden die Maximalgeschwindigkeit von 30 m/sec, das sind („30 mal 3,6") stolze 108 km/h (exakt mit 4,905 gerechnet wären es auch immer noch 105,95 km/h).

Wir haben hier die Rechnung für *t* = 3 (und *s* = 45) durchgeführt. Wir hätten aber auch jede andere Zeit (oder jeden beliebigen Weg) nehmen können, wenn wir nur die richtigen Zahlen und Variablen in die allgemeine Formel einsetzen.

$$\lim_{\Delta t \to 0} \frac{\Delta s}{\Delta t} = \frac{ds}{dt}$$

Der Ausdruck rechts (gesprochen: *ds* nach *dt*) wird als **Differenzialquotient** des Weges *s*(*t*) nach der Zeit *t* bezeichnet.

In diesem Differenzialquotienten stecken drei kleine Wunder.

I | Differenzialrechnung

Das erste Wunder: Auch wenn „ds nach dt" so aussieht wie ein normaler Bruch, ist es eigentlich keiner mehr. Leibniz hat sich für diese Schreibweise entschieden, um an den Bruch zu erinnern, aus dem der Wert (in unserem Fall 108 km/h) als Grenzwert hervorgegangen ist.

Newton hat übrigens für den Differenzialquotienten die Schreibweise $s'(t)$ gewählt und ihn als **Ableitung** des Weges nach der Zeit bezeichnet.

Das zweite Wunder: Der Differenzialquotient ist nicht bloß ein Näherungswert oder eine Schätzung, sondern ein ganz klares Ergebnis. Deshalb kann man sich auf die Ergebnisse der Differenzialrechnung verlassen – unverzichtbar für die praktische Anwendung in Technik und Wissenschaft.

Die Wunder der Differenzialrechnung können wir am Beispiel vom fallenden Stein (das ja nur eines von Millionen Beispielen ist) gut veranschaulichen: Mit dem Differenzialquotienten lässt sich die Geschwindigkeit eines Steins für einen Moment, der eigentlich keine Ausdehnung in Zeit und Weg hat, exakt bestimmen. Physikalisch gesehen geht das gar nicht, denn ein Stein kann ja nur eine Geschwindigkeit haben, wenn er einen Weg zurücklegt. Wir Mathematiker aber können sozusagen für ein **Standfoto des fallenden Steins** die momentane Geschwindigkeit des fotografierten Steins exakt bestimmen. Ist doch toll, oder?

Das dritte Wunder: Der Differenzialquotient kann – bei richtiger Interpretation – doch als Quotient betrachtet werden.

Die Momentaufnahme des fallenden Steins zeigt etwas ganz Wichtiges: Der Moment hat keine zeitliche Ausdehnung, ist aber doch mehr als nur ein Zeitpunkt, sonst könnten wir diesem Moment keine Geschwindigkeit zuordnen.

Der Start | 1

Das folgende Bild in der Lupe zeigt: Newton und Leibniz haben sich unter diesem „Moment" zwei, ohne diese Super-Mega-Lupe nicht unterscheidbare Punkte t und t_1 vorgestellt. Die Kurve $s(t)$, die diese beiden Punkte verbindet, ist von einer Geraden – ihrer Tangente – nicht mehr zu unterscheiden.

I | Differenzialrechnung

Die Abstände der beiden Punkte parallel zu den Achsen werden mit dt und ds bezeichnet. Ihr Quotient – nun ist es wirklich ein Quotient – ist dann der Anstieg der Tangente, also

$$\frac{ds}{dt} = s'(t) = v(t)$$

Damit ist die Geschwindigkeit für diesen Moment bestimmt. Leibniz hat ds und dt **Differenziale** genannt und daher folgerichtig $\frac{ds}{dt}$ als den **Differenzialquotienten** bezeichnet. Nun darf man die Gleichung $\frac{ds}{dt} = s'(t) = v(t)$ auch auflösen:

$$ds = s'(t) \cdot dt = v(t) \cdot dt$$

$s'(t)$ bzw. $v(t)$ ist der Proportionalitätsfaktor, der, wie der Fachmann sagt, lokal, also nur für den winzigen Moment, die Zeitspanne dt in das Wegstück ds umrechnet.

Die Ableitung als Funktion – höhere Ableitungen
Der Start in die Neuzeitmathematik

Das Standfoto, das die Mathematiker vom fallenden Stein machen können, wirft die Frage auf: Können die Mathematiker mehr als die Physiker?

Nein – denn ohne das Gesetz $s = 5 \cdot t^2$ des Physikers hätte der Mathematiker sein Standfoto für die Geschwindigkeit nicht schießen können. Er braucht dafür einen Zusammenhang zwischen Weg und Zeit in Form einer **Funktion**. Diese erfasst dann nicht nur zwei, sondern sogar alle Punkte des Bewegungsverlaufs. Das eröffnet ihm auch die Möglichkeit, zwei Nachbarpunkte anzusehen, bei deren Verschmelzung der Differenzialquotient die Momentangeschwindigkeit liefert. Wichtigste Voraussetzung für das Differenzieren ist also ein Zusammenhang zwischen zwei Größen, der sich mittels einer Funktion beschreiben lässt. Nur dann kann überhaupt ein Grenzwert gebildet werden.

I | Differenzialrechnung

UND JETZT DAS GANZE PROCEDERE NOCH EINMAL, ABER ALLGEMEIN FORMULIERT.

Bisher haben wir die Geschwindigkeit zu einem fixen Zeitpunkt $t = 3$ berechnet. Nun möchten wir sie für einen **allgemeinen Zeitpunkt t** ermitteln.

Dazu müssen wir nur einen beliebigen Punkt $P(t, s)$ auf der Kurve feststecken. Den Punkt $P_1(t_1, s_1)$ lassen wir variabel, um ihn – wie früher – gegen den festen Punkt P zu schieben. Das läuft wieder auf die Berechnung eines Grenzwerts hinaus, diesmal allerdings ohne konkrete Zahlen.

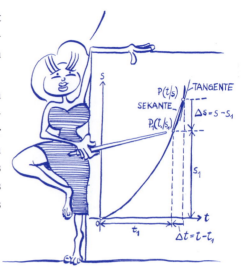

$$\lim_{t_1 \to t} \frac{s - s_1}{t - t_1} = \lim_{t_1 \to t} \frac{s(t) - s(t_1)}{t - t_1}$$

Wir ersetzen die Wege nach der Formel $s = 5 \cdot t^2$ und vereinfachen den Ausdruck hinter dem Grenzwert wieder mit der binomischen Formel $a^2 - b^2 = (a+b) \cdot (a-b)$.

$$\frac{5 \cdot t^2 - 5 \cdot t_1^2}{t - t_1} = 5 \cdot \frac{t^2 - t_1^2}{t - t_1} = 5 \cdot \frac{(t - t_1) \cdot (t + t_1)}{t - t_1} = 5 \cdot (t + t_1)$$

Der Grenzwert dieses Ausdrucks für t_1 gegen t ergibt die Momentangeschwindigkeit $v(t)$ – jetzt aber als Funktion.

$$v(t) = s'(t) = \lim_{t_1 \to t} 5 \cdot (t + t_1) = 5 \cdot (t + t) = 10 \cdot t$$

Da diese Funktion durch Ableiten entsteht, heißt sie **Ableitungsfunktion** (des Weges nach der Zeit). Sie wird – um ihre Herkunft von $s(t)$ zu verdeutlichen – mit $s'(t)$ nach Newton oder mit

$\frac{ds}{dt}$ (gesprochen: ds nach dt)

bezeichnet. Die zweite Schreibweise stammt von Leibniz.

Nun wollen wir das Verwandtschaftsverhältnis der Funktion $s(t)$ und ihrer Ableitung $s'(t)$ grafisch untersuchen und deuten.

Die Ableitung als Funktion – höhere Ableitungen | 2

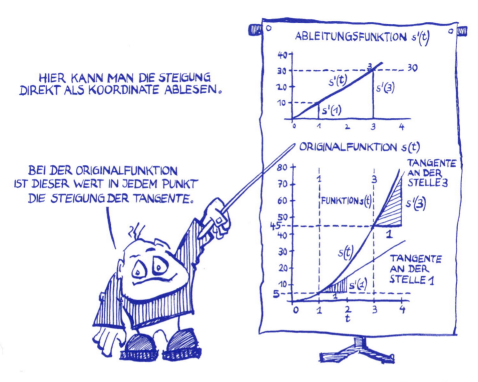

Der Trick: Die Steigung der Tangente wird als Verhältnis der Katheten des Steigungsdreiecks berechnet. Wenn die Kathete, die im Nenner steht, den Wert eins hat, ist die andere Kathete bereits automatisch die Steigung. So können wir die Steigung $s'(t)$ im Graphen von $s(t)$ an jeder Stelle t ablesen ohne vorher ein Verhältnis berechnen zu müssen!

Umgekehrt kann ich aus den Steigungsdreiecken der Originalfunktion den Verlauf der Ableitungsfunktion erschließen.

Nun kommt der Clou: Weil wir's jetzt geschafft haben, auch die Geschwindigkeit als Funktion der Zeit zu beschreiben ($s'(t) = v(t)$), können wir sie abermals differenzieren. Das Ergebnis dieses neuerlichen Differenzierens ist dann die **zweite Ableitung** des Weges nach der Zeit und wird mit $s''(t)$ nach Newton oder mit

$\frac{d^2s}{dt^2}$ (gesprochen: *d* zwei *s* nach *dt* Quadrat)

bezeichnet.

I | Differenzialrechnung

In unserem Beispiel sieht das dann so aus:

$$s''(t) = \lim_{t_1 \to t} \frac{s'(t) - s'(t_1)}{t - t_1} = v'(t) = \underbrace{\lim_{t_1 \to t} \frac{v(t) - v(t_1)}{t - t_1}}_{v'(t)} = \lim_{t_1 \to t} \frac{10 \cdot t - 10 \cdot t_1}{t - t_1} = \lim_{t_1 \to t} 10 = 10$$

Was bedeutet dieser konstante Wert 10?

Wir haben den Grenzwert der Geschwindigkeitsänderung in der Zeit gebildet. **Geschwindigkeitsänderung** bedeutet aber nichts anderes als Beschleunigung (oder Verzögerung), die allgemein mit $a(t)$ bezeichnet wird. Im Fallgesetz ist das eine Konstante $a(t) = g = 9{,}81$ m/sec², die Erdbeschleunigung, für die wir immer den „bequemen" Wert 10 gesetzt haben.

Hier erkennen wir die wichtigste Interpretationsmöglichkeit des Differenzialquotienten für die Anwendungen. Die Ableitung ist – zumindest lokal – ein Maß dafür, wie stark sich eine Größe in Abhängigkeit von einer anderen Größe ändert. Die Änderung des Wegs in Abhängigkeit von der Zeit ist die Geschwindigkeit, die Änderung der Geschwindigkeit in Abhängigkeit von der Zeit ist die Beschleunigung.

Grundlegende Differenziationsregeln
Die ersten neuen Maschinen

Um es kurz zu sagen: Mit der Differenzialrechnung ging in der Physik und Technik die Post ab. Aber die Anwendung verlangt Verallgemeinerungen d.h. Regeln.

Bisher hatten wir t für die Zeit und s bzw. $s(t)$ für den Weg geschrieben. Abstrakt verwendet der Mathematiker die Buchstaben x und y bzw. $y(x)$ oder $f(x)$.

Die **Voraussetzung** für das **Differenzieren** ist, dass die Funktion $y = f(x)$ „glatt" ist. Das ist genau dort der Fall, wo eine eindeutige Tangente existiert!

Ich kann keine Tangenten ziehen, wenn die Funktion eine Lücke hat oder springt oder einen Knick hat.

Wenn diese Voraussetzungen für das Differenzieren erfüllt sind, können wir ab(g)leiten.

Jetzt geht's los: Wir suchen die Verallgemeinerung, d.h. die **Regeln**.

Dazu erweitern wir unser Team:

DARF ICH MICH VORSTELLEN:
TRA - FO.
ICH BIN DAS „NUMMERNGIRL"
IN DIESEM KAMPF DES WISSENS.
ICH WEISE DEZENT, ABER
BESTIMMT AUF REGELN HIN.

Unseren stummen Diener „TRA-FO" können wir oben mit einer Funktion füttern und unten kommt die differenzierte Funktion heraus. Zugleich zeigt er uns in der linken Hand das **Piktogramm**, das für diese Regel steht. Ein rechteckiges Piktogramm zeigt eine Regel für eine spezielle Funktion an (z.B. die Potenzfunktion oder den Sinus), ein rundes steht für eine allgemeine Regel (z.B. Differenzieren einer Summe, eines Produkts, etc.).

Beim freien Fall haben wir gesehen, dass aus der Funktion

$y = 5 \cdot x^2$

durch Differenzieren die Ableitungsfunktion

$y' = 10 \cdot x$

entsteht. Aus dieser haben wir wieder durch Differenzieren

$y'' = 10$

erhalten.

Wenn wir uns diese drei Gesetze genauer ansehen, drängt sich die Frage auf, ob nicht auch das Differenzieren selbst einer gewissen Gesetzmäßigkeit gehorcht.

Wie entsteht aus $5 \cdot x^2$ die Funktion $10 \cdot x$ und daraus wieder die konstante Funktion 10?

Offensichtlich nimmt der Exponent der Potenzfunktion immer um eins ab; aus x^2 wird $x^1 = x$ und aus x^1 wird $x^0 = 1$. Wie aber wird aus 5 die Zahl 10?

Grundlegende Differenziationsregeln | 3

Die einzig vernünftige Erklärung, die schon die Ableitung des Fallgesetzes nahe gelegt hat, ist: Die Konstante 5 bleibt und aus x^2 wird nicht einfach x^1, sondern x^1 wird noch mit dem alten Exponenten multipliziert, also $2 \cdot x^1 = 2 \cdot x$.

Wenn unsere Vermutung stimmt, müsste z.B. aus der Potenzfunktion $f(x) = x^3$ durch Differenzieren $f'(x) = 3 \cdot x^2$ entstehen. Mit dem Grenzwert können wir das überprüfen.

$$f'(x) = \lim_{x_1 \to x} \frac{f(x) - f(x_1)}{x - x_1} = \lim_{x_1 \to x} \frac{x^3 - x_1^3}{x - x_1} =$$
$$= \lim_{x_1 \to x} \frac{(x - x_1) \cdot (x^2 + x \cdot x_1 + x_1^2)}{x - x_1} = \lim_{x_1 \to x} (x^2 + x \cdot x_1 + x_1^2) = x^2 + x^2 + x^2 = 3 \cdot x^2$$

Hier haben wir wieder eine binomische Formel verwendet, die wir durch Ausmultiplizieren bestätigen können: $(a - b) \cdot (a^2 + a \cdot b + b^2) = a^3 - b^3$

Tatsächlich gilt allgemein für **Potenzfunktionen**, dass $f(x) = x^n$ die Ableitung $f'(x) = n \cdot x^{n-1}$ hat. Mit dem Grenzwert und einer binomischen Zerlegungsformel für $a^n - b^n$ können wir das auch bestätigen. Das Piktogramm zeigt eine Axt, die andeutet, dass beim Differenzieren vom Exponenten ein Scheibchen abgeschnitten wird.

Diese Ableitungsregel gilt sogar dann, wenn die Exponenten keine natürlichen Zahlen sind. Allerdings können wir das erst später mit der Exponentialfunktion bestätigen. Zum Beispiel gilt sie für den Exponenten 0,5. $x^{0,5}$ ist aber nichts anderes als die Wurzel aus x und die Ableitung ist $0,5 \cdot x^{-0,5}$ oder $\frac{1}{2 \cdot \sqrt{x}}$.

Sehr selten steht eine Funktion allein – meistens kommt sie Hand in Hand mit einem Faktor wie z.B. beim freien Fall der gerundete Wert 5. Auch dafür gibt es eine Regel.

35

I | Differenzialrechnung

Versuchen wir $F(x) = k \cdot f(x)$ zu differenzieren, wobei wir annehmen, dass $f(x)$ differenzierbar ist und die Ableitung so aussieht

$$f'(x) = \lim_{x_1 \to x} \frac{f(x) - f(x_1)}{x - x_1}$$

Jetzt können wir $F(x)$ ableiten.

$$F'(x) = \lim_{x_1 \to x} \frac{F(x) - F(x_1)}{x - x_1} = \lim_{x_1 \to x} \frac{k \cdot f(x) - k \cdot f(x_1)}{x - x_1} =$$

$$= \lim_{x_1 \to x} \frac{k \cdot (f(x) - f(x_1))}{x - x_1} = k \cdot \lim_{x_1 \to x} \frac{f(x) - f(x_1)}{x - x_1} = k \cdot f'(x)$$

Der **konstante Faktor** k lässt sich aus dem Limes rausbefördern und bleibt deshalb beim Differenzieren unverändert erhalten. Der Faktor wird buchstäblich an der Hand mitgenommen.

Wird also eine Funktion $f(x)$ auf $2 \cdot f(x)$ gestreckt, dann hat sie auch doppelt so große Tangentensteigungen.

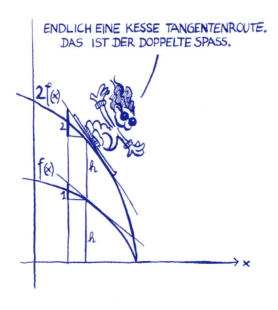

Grundlegende Differenziationsregeln | 3

Komplett verschieden vom konstanten Faktor und oft damit verwechselt wird der konstante Summand c.

Als Funktion aufgefasst, ist das die konstante Funktion $f(x) = c$. Sie ist eine Gerade parallel zur x-Achse und identisch mit ihrer Tangente. Daher hat die Tangente in jedem Punkt den Anstieg null; die Ableitung der konstanten Funktion ist daher null, also

$f'(x) = 0$.

Die Regel: $c' = 0$

In der Praxis tritt diese **konstante Funktion** selten allein auf. Sie ist meist ein Summand wie z.B. in $F(x) = 5 \cdot x^2 + 15$. Hier ist 15 der konstante Summand.

Dieser konstante Summand fällt beim Ableiten buchstäblich in ein schwarzes Loch.

Differenzieren können wir den Ausdruck $F(x) = 5 \cdot x^2 + 15$ allerdings noch nicht, da wir nicht wissen, was mit einer Summe passiert.

Für die Summe oder Differenz zweier Funktionen

$F(x) = f(x) \pm g(x)$

gilt eine einfache Regel (**Summenregel, Differenzregel**):

$F'(x) = f'(x) \pm g'(x)$, wenn es die beiden Ableitungen $f'(x)$ und $g'(x)$ gibt.

Die Herleitung der Regel ist einfach: Beim Grenzwert einer Summe darf die Summe der einzelnen Grenzwerte gebildet und summiert werden. (Wenn ich z.B. einen Ausdruck, der sich 2 annähert, mit einem Ausdruck addiere, der sich 3 annähert, dann ist es plausibel, dass sich die Summe dem Wert 5 annähern muss.)

I | Differenzialrechnung

$$\lim_{x_1 \to x} \frac{F(x) - F(x_1)}{x - x_1} = \lim_{x_1 \to x} \frac{f(x) \pm g(x) - (f(x_1) \pm g(x_1))}{x - x_1} =$$

$$= \lim_{x_1 \to x} \frac{f(x) - f(x_1) \pm (g(x) - g(x_1))}{x - x_1} =$$

$$= \lim_{x_1 \to x} \frac{f(x) - f(x_1)}{x - x_1} \pm \lim_{x_1 \to x} \frac{g(x) - g(x_1)}{x - x_1} = f'(x) \pm g'(x)$$

Die **Ableitung einer Summe (Differenz)** ist die Summe (Differenz) der Ableitungen der einzelnen Summanden. Jeder Summand wird einzeln durch die Ableitungsmühle gedreht.

Nun können wir die Funktion $F(x) = 5 \cdot x^2 + 15$ differenzieren.

Hier kommt alles vor, was wir gerade gemacht haben. Die Kunst ist es nun, zu wissen, wie ich es der Reihe nach anstellen kann. Welche Regel – welcher Trafo – kommt zuerst? Die Piktogramme weisen durch die nachfolgende Rechnung.

F'(x) = $(5 \cdot x^2 + 15)'$

 $(5 \cdot x^2)' + (15)'$

 $(5 \cdot x^2)' + 0$

 $5 \cdot (x^2)'$

$5 \cdot 2 \cdot x = 10 \cdot x$

Grundlegende Differenziationsregeln | 3

Zusammenfassung:

	Summen- bzw. Differenzregel	$(f(x)+g(x))' = f'(x) + g'(x)$
	Regel für den konstanten Faktor	$(k \cdot f(x))' = k \cdot f'(x)$
	Regel für den konstanten Summanden	$(c)' = 0$
	Regel für die Potenzfunktion	$(x^n)' = n \cdot x^{n-1}$

Tangente an eine Kurve
Berührende Mathematik

Seit Newton und Leibniz hat die Mathematik über den Umweg der modernen Physik und Technik unsere Welt verändert. Wie kommt die Mathematik dabei ins Spiel? Wie gelange ich **vom Problem zur Lösung**? Wo ist der Berührungspunkt? Nachfolgend zeigt Igor an einem simplen praktischen Problem sehr handfest, wie das funktionieren könnte. Schon mal vorweg genommen sei: Die Lösung führt über den Berührungspunkt zur Tangente an eine Kurve.

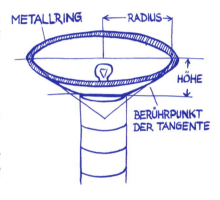

Für die Produktion einer Taschenlampe wird ein spezialbeschichteter Parabolspiegel (Radius 4 cm, Höhe 2 cm) zugekauft.

Zum Schutz vor Beschädigung soll der empfindliche Spiegel von einem Kegel ummantelt werden, so dass der Parabolspiegel in halber Höhe im Kegel aufliegt.

Wie breit wird der Metallring, der die Frontabdeckung zwischen Spiegel und Kegel bildet?

Um dieses so schwierig anmutende Problem einfach zu lösen, bedarf es zweier vorbereitender Schritte, die in dieser Form oft notwendig sind.

1. Die beteiligten geometrischen Gebilde sind rotationssymmetrisch, d.h., alle Informationen, die für uns wichtig sind, stecken schon im Querschnitt.

I | Differenzialrechnung

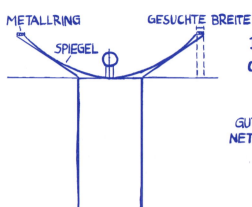

DIE VON IGOR EXAKT
GESPALTENE TASCHENLAMPE

GUT, DASS ICH MEIN „KARTESISCHES
NETZ DER MESSBARKEIT" IMMER
DABEI HABE.

2. Damit wir die beteiligten geometrischen Gebilde und ihre Lagebeziehungen zueinander mit Funktionen beschreiben können, benötigen wir ein **Koordinatensystem**. Wenn es keines gibt, unterlegen wir es selbst – und zwar so klug wie möglich.

Deshalb positionieren wir den Scheitel der Parabel im Ursprung des Koordinatensystems.

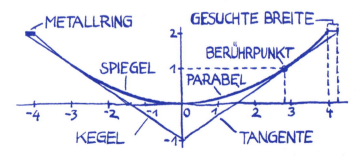

Wir nehmen hier in der Zeichnung einige Werte der nachfolgenden Rechnung vorweg, z.B. wissen wir noch nicht, dass der Kegelscheitel bei $y = -1$ liegt.

Tangente an eine Kurve

Nach diesen Vorbereitungen sind wir in der Lage, das Problem rechnerisch zu lösen:

Die Parabel hat die Funktionsgleichung $y = f(x) = c \cdot x^2$ mit unbestimmtem c. Entsprechend dem Radius und der Höhe des Spiegels enthält sie den Punkt (4, 2). Daher gilt für c die Gleichung $2 = c \cdot 4^2$. c ist also $\frac{1}{8}$.

Für den Berührungspunkt der Tangente gilt $y = 1$, da er sich genau auf halber Höhe des Parabolspiegels befinden soll (Höhe ist 2 cm). Mit Hilfe der entsprechenden Gleichung lässt sich der zugehörige x-Wert bestimmen:

$$1 = \frac{1}{8} \cdot x^2 \text{ oder } x = \pm 2 \cdot \sqrt{2}$$

Um die Breite des Metallrings zu bestimmen, genügt es mit einer Lösung – etwa der positiven – weiterzuarbeiten.

Wir suchen zwar die **Tangente** in $x_0 = 2 \cdot \sqrt{2}$ und $f(x_0) = 1$, wollen es zunächst aber allgemein versuchen.

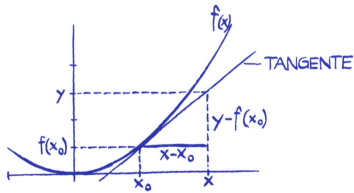

Dabei hilft uns, dass wir die Steigung der Tangente auf zwei Arten berechnen können – einmal als Verhältnis der Katheten im Steigungsdreieck, ein zweites Mal als Ableitung $f'(x_0)$ der Funktion im Punkt $(x_0, f(x_0))$. Das ergibt eine **Gleichung für die Tangente:**

$$\frac{y - f(x_0)}{x - x_0} = f'(x_0)$$

I | Differenzialrechnung

Diese Gleichung formen wir jetzt zu einer linearen Funktion um, so dass wir die Parameter a und b der Geraden ablesen können:

$$y = f(x_0) + (x-x_0) \cdot f'(x_0) = f'(x_0) \cdot x + f(x_0) - x_0 \cdot f'(x_0) = m \cdot x + b$$

Die Steigung m einer Tangente ist also

$$f'(x_0),$$

der Achsenabschnitt b ist

$$f(x_0) - x_0 \cdot f'(x_0).$$

Weil

$$f'(x) = \tfrac{1}{8} \cdot 2 \cdot x = \tfrac{1}{4} \cdot x$$

gilt, ist:

$$m = f'(x_0) = f'(2 \cdot \sqrt{2}) = \tfrac{1}{2} \cdot \sqrt{2}$$

$$b = f(x_0) - x_0 \cdot f'(x_0) = f(2 \cdot \sqrt{2}) - 2 \cdot \sqrt{2} \cdot f'(2 \cdot \sqrt{2}) = 1 - 2 \cdot \sqrt{2} \cdot \tfrac{1}{2} \cdot \sqrt{2} = 1 - 2 = -1$$

Damit lautet die Tangente in unserem Beispiel:

$$y = \tfrac{1}{2} \cdot \sqrt{2} \cdot x - 1$$

Die interessante Frage: Welcher x-Wert der Tangente hat den y-Wert 2?

$$2 = \tfrac{1}{2} \cdot \sqrt{2} \cdot x - 1$$

$$x = \frac{6}{\sqrt{2}} = 3 \cdot \sqrt{2} = 4{,}243$$

Damit beträgt die Breite des Metallrings:

$$4{,}243 - 4 = 0{,}243 \text{ cm.}$$

Extremwerte
Der mathematische Gipfelstürmer

Die Ableitung einer Funktion gibt in Form der **Tangentensteigung** an, ob und wie schnell eine Kurve an einer bestimmten Stelle wächst oder fällt.

Ist die Ableitung $f'(x) > 0$, so steigt die Tangente an, die Funktion wächst also. Ist $f'(x) < 0$ so fällt die Funktion. Bei $f'(x) = 0$ verläuft die Funktion (zumindest für einen Augenblick) waagrecht.

Da diese Eigenschaften streng genommen nur für den jeweils betrachteten Punkt der Kurve gelten, nennt man sie **lokale Eigenschaften** einer Funktion.

Diese einfachen Eigenschaften ermöglichen das Erstellen von interessanten Wirtschaftlichkeitsprognosen.

I | Differenzialrechnung

Eine Firma, die Holzbearbeitungsmaschinen produziert, hat einen Praktikanten eingestellt. Die erste Aufgabe, die ihm gestellt wird, lautet: Bringt eine Produktionserhöhung von 800 auf 850 Stück beim derzeitigen Stückpreis von 13000 Talern einen Gewinnzuwachs?

Die Firma zeigt ihm noch die basierend auf langjähriger Erfahrung aufgestellte Produktionskostenfunktion für diese Maschine:

$$K(x) = 0{,}012 \cdot x^3 - 8 \cdot x^2 + 2000 \cdot x + 6000000$$

Diese Funktion beschreibt die Produktionskosten K in Abhängigkeit von der produzierten Stückzahl x.

Der mit den ökonomischen Grundgesetzen vertraute Praktikant weiß, dass sich der Gewinn als Differenz von Erlös und Kosten darstellt. Der Erlös ist das Produkt aus Preis und verkaufter Menge, also $E(x) = 13000 \cdot x$. Damit kann er die Gewinnfunktion aufstellen:

$$G(x) = E(x) - K(x) = 13000 \cdot x - (0{,}012 \cdot x^3 - 8 \cdot x^2 + 2000 \cdot x + 6000000) =$$
$$= -0{,}012 \cdot x^3 + 8 \cdot x^2 + 11000 \cdot x - 6000000$$

Extremwerte | 5

Der nicht nur ökonomisch, sondern auch mathematisch versierte Praktikant prüft nun einfach, ob die **Gewinnfunktion** an der fraglichen Stelle $x = 850$ wächst. Das erkennt er an der Steigung der Tangente, also an der Ableitung der Funktion.

Zum Ableiten dieser Funktion benötigt er der Reihe nach die Regeln für die Summe, dann für den konstanten Faktor und zuletzt die Regel für die Potenzfunktion und den konstanten Summanden.

$G'(x) = \quad (-0{,}012 \cdot x^3 + 8 \cdot x^2 + 11000 \cdot x - 6000000)'$

$(-0{,}012 \cdot x^3)' + (8 \cdot x^2)' + (11000 \cdot x^1)' - (6000000)'$

$-0{,}012 \cdot (x^3)' + 8 \cdot (x^2)' + 11000 \cdot (x^1)' - (6000000)'$

$-0{,}012 \cdot 3 \cdot x^2 + 8 \cdot 2 \cdot x^1 + 11000 \cdot 1 \cdot x^0 - (600000)'$

$-0{,}036 \cdot x^2 + 16 \cdot x + 11000 - 0$

$G'(x) = -0{,}036 \cdot x^2 + 16 \cdot x + 11000$

$G'(850) = -1410{,}00$

Die **Grenzgewinnfunktion** – so nennen Ökonomen die Funktion $G'(x)$ – zeigt dem Praktikanten, dass die Tangente bei 850 eine negative Steigung aufweist. Die Gewinnfunktion wächst nicht; sie fällt. Eine Produktionssteigerung beschert für die 850. Einheit also einen Gewinnrückgang. Das ist keine gute Nachricht für den Chef.

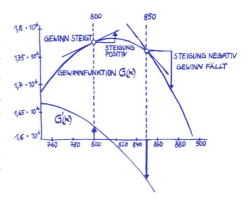

Sicherheitshalber prüft nun der Praktikant, ob die Gewinnfunktion nicht schon beim derzeitigen Produktionsstand abnimmt: $G'(800) = 760$. Nein, hier hat die Funktion noch eine positive Steigung, d.h., hier wächst der Gewinn bei Erhöhung der Produktion noch.

I | Differenzialrechnung

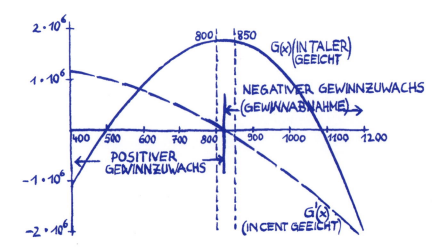

Irgendwo zwischen 800 und 850 muss die Tangentensteigung – das entspricht gerade dem Gewinnzuwachs $G'(x)$ – von positiven zu negativen Werten kippen, also den Wert 0 annehmen. Der Wert, bei dem das passiert, ist interessant, denn genau bis dorthin würde eine Produktionssteigerung auch eine Gewinnsteigerung ergeben. An dieser Stelle muss der Gewinn sein **Maximum** erreichen.

Der Praktikant probiert es aus: Wo ist $G'(x) = 0$?

$$-0{,}036 \cdot x^2 + 16 \cdot x + 11000 = 0$$

Das ist eine quadratische Gleichung mit

$A = -0{,}036$, $B = 16$ und $C = 11000$.

Die Formel ergibt die Lösungen

$x_1 = -373{,}54$ und $x_2 = 817{,}99$.

Eine negative Stückzahl ist nicht von Interesse.
Die zweite Lösung $817{,}99 \approx 818$ Stück muss es also sein.

Für den Praktikanten ist der Fall klar. Bei dem derzeitigen Preis-Kosten-Verhältnis ergibt eine Produktionssteigerung bis 818 Stück gerade noch eine Gewinnsteigerung.

Extremwerte | 5

Stolz präsentiert er seinem Chef die Ergebnisse seiner Untersuchung. Er erklärt ihm, dass die Gewinnfunktion bei 818 Stück eine horizontale Tangente hätte und sich daraus auf ein Gewinnmaximum schließen ließe.

Der Chef wendet zu Recht ein, dass für ihn nicht klar sei, warum eine horizontale Tangente unbedingt ein Maximum bedeuten sollte – es könnte sich ebenso gut um ein Minimum handeln!

Der Praktikant skizziert die Gewinnkurve $G(x)$ zwischen 800 und 850. Die Tangenten steigen bis ca. 818, dahinter nehmen sie ab. Die Kurve dreht also nach rechts. Die Grenzgewinnkurve $G'(x)$, die diese Tangentensteigungen zeigt, beginnt mit positiven Werten, nimmt aber ständig ab. Bei ca. 818 ist sie null, danach wird sie sogar negativ.

Das bringt den Praktikanten auf die Idee, wie er nachweisen könnte, dass ein Maximum vorliegt. Wenn die Grenzgewinnkurve G'(x) ständig abnimmt, also immer negative Tangentensteigungen hat, dann muss deren Ableitung G''(x) wiederum ständig negativ sein. Insbesondere muss G''(818) negativ sein.

So ließe sich das Maximum erkennen, ohne zu 818 benachbarte Werte von G oder G' auswerten zu müssen.

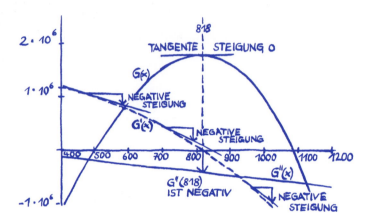

Er probiert es aus:

$$G''(x) = (-0{,}036 \cdot x^2 + 16 \cdot x + 11000)' = -0{,}072 \cdot x + 16$$

$$G''(818) = -42{,}9$$

Nun ist er sich ganz sicher, alles richtig analysiert zu haben.

Aus der **Rechtskurve** von G(x) ergibt sich die ständige Abnahme der Werte von G'(x), deren Schnittpunkt mit der x-Achse die Lage des **Maximums** markiert. (Rechtskurve bedeutet: Wenn die Kurve eine Straße wäre, müsste ich nach rechts blinken.) Da G'(x) ständig abnimmt, muss G''(x) negativ sein, speziell auch dort, wo das Maximum liegt.

Hätte G(x) eine **Linkskurve** beschrieben, dann würde G'(x) ständig zunehmen und G''(x) wäre immer positiv. So erkennt man ein **Minimum**, falls G'(x) in diesem Bereich irgendwo 0 wird. Nun muss sich auch der Chef überzeugen lassen.

Zusammenfassend nennt man Maxima und Minima **Extremwerte**. Genauer müssten wir sie mit „lokale Extrema" bezeichnen. Wie immer beim Differenzieren gelten diese Feststellungen exakt nur für einen Punkt und angenähert für die unmittelbare Nachbarschaft.

Nach diesem Theorieeinschub, schnell noch mal ein Beispiel – diesmal zum **Minimum**. Es sei gleich vorweggesagt: Das Beispiel enthält auch etwas Neues. Nicht immer ist die Funktion, deren Extremum wir suchen – die Gewinnfunktion im vorherigen Beispiel – vorgegeben. Manchmal müssen wir sie erst zusammenbauen.

Ein Keksfabrikant braucht oben offene Blechdosen mit quadratischer Grundfläche und 1 dm³ Inhalt. Die Dose, die später mit einem durchsichtigen Plastikdeckel versehen wird, soll möglichst wenig Blech verbrauchen.

Welche Abmessungen bekommt dieser Behälter?

Der Materialverbrauch richtet sich nach der Oberfläche des Behälters. Sie besteht aus der Basisfläche a^2 und 4 Seitenflächen $a \cdot h$.

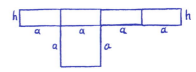

$$O = a^2 + 4 \cdot a \cdot h$$

I | Differenzialrechnung

Das ist die **Zielfunktion**, deren Minimum wir suchen. So, wie sich das Problem im Moment darstellt, befände sich bei $a = h = 0$ das Minimum, nämlich $O = 0$. Das kann's nicht sein.

Wir haben noch nicht berücksichtigt, dass a und h durch eine Forderung miteinander verknüpft sind. Der Inhalt soll 1 dm³ betragen.

$$V = 1 = a^2 \cdot h \text{ oder } h = \frac{1}{a^2}$$

Machen wir z.B. a größer, dann muss h kleiner werden, damit der Inhalt konstant bei 1 dm³ bleiben kann.

Diese Forderung stellt eine **Nebenbedingung** für a und h dar. Diese ermöglicht es uns, eine Variable in der Zielfunktion zu ersetzen:

$$O(a) = a^2 + 4 \cdot a \cdot \frac{1}{a^2} = a^2 + 4 \cdot \frac{1}{a} = a^2 + 4 \cdot a^{-1}$$

Nun stehen wir vor dem gleichen Problem, wie beim vorherigen Beispiel – mit dem Unterschied, dass wir ein **Minimum der Zielfunktion** suchen.

Das ändert nichts daran, dass zunächst die Tangente waagrecht sein muss, d.h., die Funktion $O(a)$ muss dort die Steigung null haben: $O'(a) = 0$

Die letzte Schreibweise für $O(a)$ zeigt uns, dass wir beim Differenzieren mit der Summenregel, der Regel für den konstanten Faktor und der Potenzregel auskommen.

$$O'(a) = 2 \cdot a + 4 \cdot (-1) \cdot a^{-2} = 0$$

$$2 \cdot a - \frac{4}{a^2} = 0 \text{ oder } a = \frac{2}{a^2} \text{ oder } a^3 = 2$$

Diese Gleichung müssen wir nach a auflösen:

Die einzige Lösung innerhalb der reellen Zahlen ist: $a = \sqrt[3]{2} = 1{,}26$ und wenn wir in einsetzen: $h = 0{,}63$ dm.

Die Oberfläche und damit der Blechverbrauch beläuft sich entsprechend auf:

$$O = 4{,}76 \text{ dm}^2.$$

Ungeklärt ist, ob das wirklich ein Minimum ist.

Wenn das so ist, muss der Graph von O(a) eine Linkskurve beschreiben, O'(a) muss ständig wachsen und O''(a) muss speziell für $a = \sqrt[3]{2} = 1{,}26$ einen positiven Wert haben.

$O''(a) = 2 + 4 \cdot (-1) \cdot (-2) \cdot a^{-3} = 2 + 8 \cdot a^{-3}$

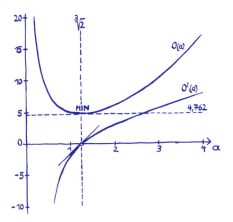

Ohne überhaupt einen Wert für a einzusetzen, sieht man, dass die zweite Ableitung immer positiv ist.

Zusammenfassend gilt:

$f'(x) > 0$ $f(x)$ wächst

$f'(x) < 0$ $f(x)$ fällt

$f'(x) = 0$ $f(x)$ hat eine waagrechte Tangente. Das kann bedeuten

            $f(x)$ hat an dieser Stelle ein Minimum, wenn $f''(x) > 0$ ist

            $f(x)$ hat an dieser Stelle ein Maximum, wenn $f''(x) < 0$ ist

            für $f''(x) = 0$ entscheiden erst höhere Ableitungen über das Verhalten von $f(x)$

I | Differenzialrechnung

Die Kettenregel
Mathematische Ketten sprengen

1. Schritt: Verkettung zweier Funktionen – wie entsteht eine Kette?

Wie erzeugt die Funktion $f(x) = (x^4 + 2)^2$ den Funktionswert? Hier werden zwei Teilfunktionen hintereinander ausgeführt. Die so genannte „innere Funktion" bildet x zuerst in $f_i(x) = x^4 + 2$ ab, anschließend wird dieses Zwischenergebnis (mit z abgekürzt) durch die „äußere Funktion" $f_a(z) = z^2$ quadriert.

Für $x = 2$ wird zuerst die innere Funktion ausgeführt

$$z = f_i(2) = 2^4 + 2 = 18$$

und dann die äußere

$$f_a(z) = f_a(18) = 18^2 = 324.$$

Diese **Hintereinanderausführung (Verkettung)** zweier Teilfunktionen gilt es jetzt zu differenzieren.

I | Differenzialrechnung

In unserem Fall können wir das Problem durch Ausquadrieren sogar noch umgehen.

$$f(x) = (x^4 + 2)^2 = x^8 + 4 \cdot x^4 + 4$$
$$f'(x) = 8 \cdot x^7 + 4 \cdot 4 \cdot x^3 = 8 \cdot x^3 \cdot (x^4 + 2)$$

Hätten wir dieses Ergebnis auch erzeugen können, ohne auszuquadrieren?

2. Schritt: die Ableitung als Vergrösserungsmaschine

Die Antwort auf die obige Frage lautet: ja. Das lässt sich auch ganz einfach zeigen. Die Gleichung $df = f'(x) \cdot dx$ – die wir schon kennen – können wir auch wie folgt interpretieren: Wir können eine Funktion $f(x)$ – zumindest lokal – als Vergrößerungsmaschine auffassen, die eine Originalstrecke der Länge dx – parallel zur x-Achse liegend – zu einer Strecke df auf der y-Achse vergrößert. Der Vergrößerungsfaktor ist dabei die Ableitung $f'(x)$.

Die Kettenregel | 6

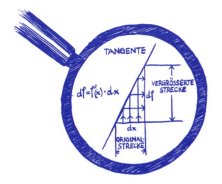

Je nachdem, ob $f'(x)$ größer oder kleiner als 1 ist, d.h. die Tangentensteigung größer oder kleiner als 45° ist, wird dx entweder vergrößert oder verkleinert.

Jetzt kann das Ableiten beginnen.

3. Schritt: die Kettenregel – die Kette sprengen

Wir wollen versuchen, herauszufinden, wie sich die Gesamtableitung $f'(x)$ der verketteten Funktion $f(x) = (x^4 + 2)^2 = z^2$ aus den Teilableitungen von $f_i(x) = x^4 + 2$ und $f_a(z) = z^2$ zusammenbauen lässt. Diese Teilableitungen zu bilden, ist kein Problem:

$f_i'(x) = 4 \cdot x^3 + 0 = 4 \cdot x^3$ (innere Ableitung) und

$f_a'(z) = 2 \cdot z$ (äußere Ableitung)

Wenn zwei Vergrößerungen, etwa mit den Faktoren 2 und 3, hintereinander ausgeführt werden, ist die Gesamtvergrößerung – wie beim Kopierer – das Produkt der Teilvergrößerungen: $2 \cdot 3 = 6$.

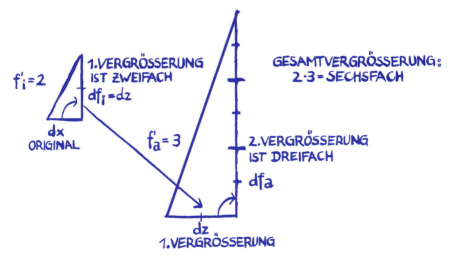

57

Nichts anderes ist es, wenn wir die Gesamtvergrößerung $f'(x)$ ermitteln wollen. Sie ist das Produkt der Teilvergrößerungen:

$$f_a' \cdot f_i' = 2 \cdot z \cdot 4 \cdot x^3 = 8 \cdot z \cdot x^3 = 8 \cdot x^3 \cdot (x^4 + 2)$$

Das entspricht tatsächlich dem früheren Ergebnis!

In Worten: Die **Ableitung einer Verkettung** zweier Funktionen ist das Produkt der Ableitungen der Kettenglieder, also

$$f' = f_a' \cdot f_i',$$

wenn man die innere Funktion kurzzeitig als Variable (z) auffasst, nach der die äußere Funktion zu differenzieren ist. z muss dann wieder durch den Term der inneren Funktion ersetzt werden.

Diese so genannte **Kettenregel** gilt unverändert, wenn bei der Verkettung drei oder mehr Funktionen beteiligt sind. Sie umfasst dann einfach mehr Faktoren. Wir üben das gleich in einem interessanten praktischen Beispiel.

Die Anwendung – Wie man mit dem Sprengen von Ketten Geld sparen kann

Dr. Know will sein altes Haus an die Fernwärme anschließen. 75% der Anschlusskosten übernimmt das Heizwerk, den Rest muss er selbst aufbringen. Das Haus liegt 40 m von der Straße entfernt an einem schnurgeraden Güterweg, der rechtwinklig in die Straße einmündet. Die Anschlussstelle befindet sich an der ebenfalls geraden Straße 150 m von der Einmündung des Güterwegs entfernt. Die Verlegung entlang der Straße kostet 40 Taler pro Meter, die Verlegung übers Feld ist um 25% teurer.

Der Fernwärmevertreter, von dem alle diese Daten stammen, hat ihm vorgerechnet: $40 \cdot 150 + 50 \cdot 40 = 8000$ Taler; demnach beliefe sich sein Anteil auf 2000 Taler.

Die Kettenregel | 6

Dr. Know fragt Igor. Der zeigt ihm, dass auf Grund der einfachen geometrischen Verhältnisse schon der pythagoreische Lehrsatz für diese Kostenberechnung ausreicht, wenn man die Verbindung Haus-Heizwerk als Hypotenuse eines rechtwinkligen Dreiecks ergänzt.

$$\text{Strecke} \cdot \text{Meterpreis} = \sqrt{40^2 + 150^2} \cdot 50 = \sqrt{1600 + 22500} \cdot 50 = \sqrt{24100} \cdot 50 = 7762{,}09$$

Dr. Know fühlt sich bestätigt und freut sich. Aber nicht lange.

I | Differenzialrechnung

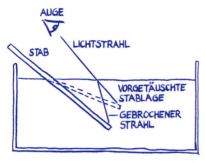

Beobachten wir z.B. einen Stab, der schräg ins Wasser eintaucht. Das Licht wird gebrochen, weil es im Wasser langsamer ist als in der Luft. Unser Gehirn – gewohnt, dass sich das Licht geradeaus bewegt – täuscht uns nun eine geknickte Lage des Stabs im Wasser vor.

Der Physiker kennt diese Art der Lichtbrechung schon lange als Brechungsgesetz.

Bei unserem Problem verhält es sich ähnlich. Hier sind nicht die Geschwindigkeiten, sondern die Kosten verschieden. Auch sie „brechen" den Weg, der zu graben ist.

Dr. Know staunt nicht schlecht, als Igor ihm erklärt, dass er ein Stück schräg durchs Feld bis zur Straße (Punkt X) graben lassen soll und erst von dort weg entlang der Straße bis zur Anschlussstelle.

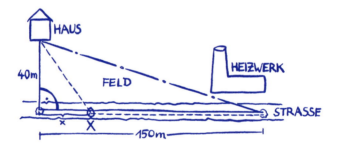

Igor rechnet ihm vor: Die Strecke von der Wegeinmündung bis zum Punkt X soll x heißen. Von dort bis zur Anschlussstelle bleiben dann $(150 - x)$ Meter mit den Kosten 40 Taler/m übrig. Das Schrägstück durch das Feld können wir wieder mit dem pythagoreischen Lehrsatz ermitteln und mit den Kosten 50 Taler/m multiplizieren. Die Summe über die beiden Wegstücke mal Kosten ergibt die Gesamtkosten $K(x)$.

$$K(x) = \sqrt{40^2 + x^2} \cdot 50 + (150 - x) \cdot 40$$

Und wie berechnen wir jetzt die Kosten, wenn noch eine Unbekannte in der Funktion steckt?

Die Kettenregel | 6

Wir suchen den Wert *x*, bei dem die Kosten minimal werden.

Dazu müssen wir $K(x)$ differenzieren und x so bestimmen, dass $K'(x) = 0$ ist. Dann haben wir eine Chance, das Minimum der Kosten zu finden.

$$K(x) = \sqrt{40^2 + x^2} \cdot 50 + (150-x) \cdot 40 = f(x) + g(x)$$

$$K'(x) = f'(x) + g'(x) = \left(50 \cdot \sqrt{40^2 + x^2}\right)' + \left(40 \cdot (150 - x)\right)'$$

Der Übersicht halber differenzieren wir die Summanden *f* und *g* getrennt.

$f'(x) = \qquad \left(50 \cdot (40^2 + x^2)^{\frac{1}{2}}\right)'$

$\qquad\qquad 50 \cdot \left((40^2 + x^2)^{\frac{1}{2}}\right)' = 50 \cdot \left(z^{\frac{1}{2}}\right)'$

$\qquad\qquad 50 \cdot \left(\frac{1}{2} z^{-\frac{1}{2}}\right) \cdot z' = 50 \cdot \left(\frac{1}{2} \cdot (40^2 + x^2)^{-\frac{1}{2}}\right) \cdot (40^2 + x^2)'$

$\qquad\qquad 50 \cdot \left(\frac{1}{2} \cdot (40^2 + x^2)^{-\frac{1}{2}}\right) \cdot ((40^2)' + (x^2)')$

$\qquad\qquad 50 \cdot \left(\frac{1}{2} \cdot (40^2 + x^2)^{-\frac{1}{2}}\right) \cdot (x^2)'$

$\qquad\qquad 50 \cdot \left(\frac{1}{2} \cdot (40^2 + x^2)^{-\frac{1}{2}}\right) \cdot 2 \cdot x = 50 \cdot (40^2 + x^2)^{-\frac{1}{2}} \cdot x = \dfrac{50 \cdot x}{\sqrt{40^2 + x^2}}$

I | Differenzialrechnung

$g'(x) =$ $(40 \cdot (150 - x))'$

$40 \cdot (150 - x)'$

$40 \cdot ((150)' - (x)')$

$40 \cdot (-(x)')$

$40 \cdot (-1) = -40$

Wenn wir alles zusammensetzen, entsteht:

$$K'(x) = \frac{50 \cdot x}{\sqrt{40^2 + x^2}} - 40$$

Das **Kostenminimum** kann nur dort liegen, wo $K'(x) = 0$ ist.

$$50 \cdot \frac{x}{\sqrt{40^2 + x^2}} - 40 = 0 \text{ oder } \tfrac{5}{4} \cdot x = \sqrt{40^2 + x^2}$$

Quadrieren der Gleichung schafft die Wurzel aus der Welt:

$\tfrac{25}{16} \cdot x^2 = 40^2 + x^2$ oder $\tfrac{9}{16} \cdot x^2 = 40^2$ oder $\tfrac{3}{4} \cdot x = \pm 40$

Da die negative Lösung keinen Sinn ergibt, bleibt $x = 53{,}33$ m

Damit belaufen sich die Gesamtkosten $K(53,33)$ auf 7200,00 Taler, der Anteil von Dr. Know auf 1800,00 Taler.

Hier die Übersicht über die Kostenvarianten:

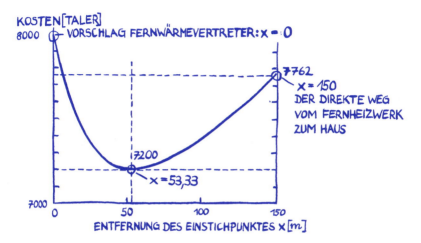

Dr. Know staunt nicht schlecht: Wie die Mathematik und speziell das Differenzieren beim Sparen von Geld hilft.

In diesem Beispiel war die Kettenregel notwendig, weil – anders als beim Quadrat – die Verkettung mit der Wurzel nicht vereinfacht werden kann.

Die Ableitung als lineare Näherung
Mathematischer Flirt

I | Differenzialrechnung

Die Gleichung $df = f'(x) \cdot dx$ – die wir im mikroskopischen Bereich schon kennen – hat auch eine makroskopische Interpretation.

Sehen wir uns die Quotienten $\frac{\Delta f}{\Delta x}$ und $\frac{df}{dx}$ einmal genauer an, wenn wir $\Delta x = dx$ kleiner und kleiner werden lassen.

$\frac{df}{dx}$ behält immer den Wert $f'(x)$ – die Steigung der Tangente – bei, egal wie groß oder klein dx ist. Ganz anders zeigt $\frac{\Delta f}{\Delta x}$ an jeder Stelle einen anderen Wert. Erst wenn $\Delta x = dx$ null wird, bekommt auch dieser Quotient den Wert $f'(x)$.

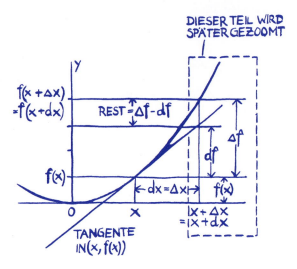

Während $\frac{\Delta f}{\Delta x}$ erst beim Grenzübergang mit der Ableitung identisch ist, wenn Δx null wird, sehen wir die Ableitung $f'(x)$ beim Quotienten $\frac{df}{dx}$ immer, weil wir hier die Tangente betrachten. Das berechtigt uns, $\frac{df}{dx}$ als Quotienten aufzufassen und die Gleichung $\frac{df}{dx} = f'(x)$ aufzulösen zu

$$df = f'(x) \cdot dx$$

Wir können diese Formel verwenden, um eine unbekannte Ableitung $f'(x)$ zu bestimmen.

Wenn es uns gelingt, den **linearen Funktionszuwachs** df längs der Tangente durch dx auszudrücken oder geometrisch darzustellen, dann haben wir eine neue Methode zur Herleitung von Ableitungsfunktionen gefunden, weil der Faktor, der bei dx steht, die Ableitung sein muss.

Die Ableitung als lineare Näherung | 7

Anhand der Zeichnung bauen wir eine alternative Formel zusammen, die beim Berechnen von Ableitungen gute Dienste tut. An der Stelle $x + dx$ können wir den Funktionswert $f(x+dx)$ auf mehrere Arten zusammenfügen:

Der letzte Teil der oben zitierten Formel zeigt uns zwei Dinge:

1. Der Rest ist völlig uninteressant, wenn es nur um die Bestimmung der Ableitung $f'(x)$ geht, da er hier null wird.

2. Da der Rest = $\Delta f - df$ verschwindet, wenn dx gegen null geht, kann diese Formel Nachbarwerte von $f(x)$ abschätzen, wenn sie sich nicht zu weit entfernen, wenn also dx klein bleibt (Beispiel siehe Praxistraining D12).

Wenn wir etwa $f(x) = x^2$ wählen, dann gilt nach der binomischen Formel für $(a+b)^2 = a^2 + 2 \cdot a \cdot b + b^2$:

$$f(x+dx) = (x+dx)^2 = x^2 + 2 \cdot x \cdot dx + dx^2$$

Bei dx steht als **linearer Zuwachsfaktor** die Funktion $2 \cdot x$ – sie ist also die Ableitung von x^2, die wir bereits kennen. Diese Methode zeigt aber, wie wir sie hätten auch gewinnen können.

67

I | Differenzialrechnung

dx^2 lässt sich wie folgt deuten.

Während

$$f'(x) \cdot dx = 2 \cdot x \cdot dx$$

der tangentiale (lineare) Zuwachs bis zur Stelle $x + dx$ ist, zeigen höhere Potenzen von dx, also z.B.

$$dx^2$$

den „krummlinigen" – in diesem Fall den **quadratischen** – **Zuwachs** dx^2 an. Dieser Teil ist der „Rest" in unserer vorhergehenden Betrachtung.

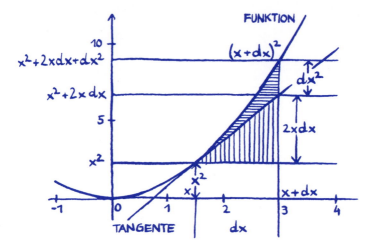

Wenn wir also auf diese Art die Ableitung einer Funktion finden wollen, müssen wir – wie bereits festgestellt – den „linearen" Zuwachs bestimmen – also alles, was beim dx steht. Den Rest, also den **„krummlinigen" Zuwachs** – das ist alles was bei $(dx)^2$, $(dx)^3$, ... steht –, dürfen wir einfach ignorieren.

Die Ableitung des Produktes und des Quotienten
Irgendwo ist immer ein Haken

Produkt und Quotient haben es in sich beim Differenzieren. Hier werden die Rechnungen lang und es passieren viele Fehler.

Das Produkt wird beim Ableiten zu einer Summe von Produkten. Beim Quotienten entsteht im Zähler eine Differenz von Produkten. Hier gibt es viele Haken, an denen man hängen bleiben kann: die Klammer um die Summe vergessen, bei der Differenz die Glieder verwechseln, die Übersicht verlieren, da so viele Regeln jetzt ineinander greifen ... Mensch Mathe, hier muss viel trainiert werden!

Zunächst mal eine Erklärung, wie diese Regeln (Haken) entstehen:

Die Produktregel

Wieder leistet die Formel

$$f(x+dx) \approx f(x) + f'(x) \cdot dx$$

wertvolle Dienste, wenn wir der Ableitung des Produkts zweier Funktionen

$$F(x) = f(x) \cdot g(x)$$

auf die Schliche kommen wollen.

Wir wenden diese Formel sowohl auf $F(x)$ als auch auf die Faktoren $f(x)$ und $g(x)$ an. Für $F(x)$ ergibt die Formel:

$$F(x+dx) \approx F(x) + F'(x) \cdot dx$$

Für das Produkt $F(x) = f(x) \cdot g(x)$ gilt:

$$F(x+dx) = f(x+dx) \cdot g(x+dx) \approx (f(x) + f'(x) \cdot dx) \cdot (g(x) + g'(x) \cdot dx)$$

Nach dem Auflösen des geklammerten Ausdrucks, zeigt uns der Vergleich der beiden Darstellungen Folgendes:

$$\underbrace{f(x) \cdot g(x)}_{F(x)} + \underbrace{(f'(x) \cdot g(x) + f(x) \cdot g'(x)) \cdot dx}_{F'(x) \cdot dx} + \underbrace{f'(x) \cdot g'(x) \cdot dx^2}_{\text{Rest(quadratischer Zuwachs)}}$$

Der Rest darf als quadratischer Zuwachs (laut Dr. Know) ignoriert werden, wenn es nur um das Bestimmen der Ableitung geht. Diese zeigt sich nämlich – wie wir wissen – als Faktor des linearen dx. Daher gilt:

$$F'(x) = f'(x) \cdot g(x) + f(x) \cdot g'(x)$$

Ersetzen wir links noch $F'(x)$ durch $(f(x) \cdot g(x))'$, so ergibt sich die **Produktregel** der Differenziation:

$$(f(x) \cdot g(x))' = f'(x) \cdot g(x) + f(x) \cdot g'(x)$$

In Worten (wenn die Funktionen nicht f und g heißen): Die **Ableitung eines Produkts** ist die Summe der Ableitungen der Faktoren jeweils multipliziert mit dem undifferenzierten anderen Faktor.

Die Ableitung des Produktes und des Quotienten | 8

Die Quotientenregel

Ein Quotient zweier Funktionen

$$\frac{f(x)}{g(x)}$$

kann natürlich auch als Gleichung so geschrieben werden:

$$\frac{f}{g} \cdot g = f$$

Dieser Trick erleichtert es uns, eine Regel für die Ableitung des Quotienten zu finden.

Wir differenzieren die Gleichung:

$$\left(\frac{f}{g} \cdot g\right)' = f'$$

Werten wir den linken Ausdruck nach der Produktregel aus, so ergibt sich:

$$\left(\frac{f}{g}\right)' \cdot g + \frac{f}{g} \cdot g' = f'$$

Jetzt können wir den Trick zu Ende bringen. Es ist nur mehr die Gleichung aufzulösen, in der links die Ableitung des Quotienten übrig bleibt.

$$\left(\frac{f}{g}\right)' \cdot g = f' - \frac{f}{g} \cdot g' = \frac{f' \cdot g - f \cdot g'}{g}$$

Jetzt noch auf beiden Seiten durch g dividieren und wir erhalten die **Quotientenregel** in der üblichen Form (wir dürfen durch g dividieren, da der Quotient nur dann definiert ist, wenn der Nenner nicht null ist):

$$\left(\frac{f(x)}{g(x)}\right)' = \frac{f'(x) \cdot g(x) - f(x) \cdot g'(x)}{(g(x))^2}$$

71

I | Differenzialrechnung

Zusammenfassung:

 Produktregel, zwei Faktoren
$(f(x) \cdot g(x))' = f'(x) \cdot g(x) + f(x) \cdot g'(x) =$
$= f(x) \cdot g(x) \cdot (\frac{f'(x)}{f(x)} + \frac{g'(x)}{g(x)})$

Produktregel, drei Faktoren
$(f(x) \cdot g(x) \cdot h(x))' = f(x) \cdot g(x) \cdot h(x) \cdot (\frac{f'(x)}{f(x)} + \frac{g'(x)}{g(x)} + \frac{h'(x)}{h(x)})$

 Quotientenregel
$\left(\frac{f(x)}{g(x)}\right)' = \frac{f'(x) \cdot g(x) - f(x) \cdot g'(x)}{(g(x))^2}$

**STOPP!!!
ERST WEITERLESEN, WENN DAS MATHEMATISCHE FITNESSPROGRAMM ABSOLVIERT IST.**

Ohne Training – Weiterlesen auf eigene Gefahr! Die Haken lassen sich nur mit Training umgehen. In unseren Aufgaben helfen die Piktogramme, die Übersicht zu behalten. Das Training werden wir im folgenden Beispiel brauchen.

Großmutter hat keine Filtertüten mehr. Sie schneidet ein rundes Filterblatt (Radius R) ein und lässt den Sektor mit dem Mittelpunktswinkel w überlappen. Dadurch entsteht ein Papiertrichter in Form eines Kegelmantels, den sie als Filter verwenden kann.

Während die Flüssigkeit sehr langsam durchsickert, überlegt sie: „Wie viel muss ich überlappen bzw. nicht überlappen lassen, damit der Kegel möglichst viel Flüssigkeit aufnimmt. Dann kann ich meine eigenen Filtertüten produzieren?"

Die Ableitung des Produktes und des Quotienten | 8

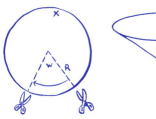
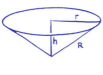

Offensichtlich sucht die Großmutter einen Maximalwert des Kegelvolumens.

Die **Zielfunktion** für dieses Extremwertproblem lautet:

$$V_{Kegel} = \tfrac{1}{3} \cdot r^2 \cdot \pi \cdot h$$

Da w bzw. x – der Ergänzungswinkel auf $2 \cdot \pi$ – unsere Variablen sind, die die Großmutter beeinflussen kann, müssen wir die Unbekannten r und h durch w oder – einfacher – durch x ausdrücken. Wir müssen also **Nebenbedingungen** finden!

Der Bogen, der zum Winkel x gehört, ist $R \cdot x$. Dieses Bogenstück entspricht aber zugleich dem Umfang des Basiskreises des Kegels, also $2 \cdot r \cdot \pi = R \cdot x$.

$$r = \frac{R \cdot x}{2 \cdot \pi}$$

Damit ist in einer ersten Nebenbedingung r durch x ausgedrückt.

Wegen

$$h = \sqrt{R^2 - r^2}$$

gilt

$$h = \sqrt{R^2 - \left(\frac{R \cdot x}{2 \cdot \pi}\right)^2} = R \cdot \sqrt{1 - \frac{x^2}{4 \cdot \pi^2}}$$

Damit ist in einer zweiten Nebenbedingung h durch x dargestellt.

Durch Einsetzen der Nebenbedingungen wird aus der Zielfunktion eine Funktion mit nur mehr einer Variablen.

$$V_{Kegel} = \tfrac{1}{3} \cdot \left(\frac{R \cdot x}{2 \cdot \pi}\right)^2 \cdot \pi \cdot R \cdot \sqrt{1 - \frac{x^2}{4 \cdot \pi^2}} = \frac{R^3}{12 \cdot \pi} \cdot x^2 \cdot \sqrt{1 - \frac{x^2}{4 \cdot \pi^2}} = \frac{R^3}{24 \cdot \pi^2} \cdot x^2 \cdot \sqrt{4 \cdot \pi^2 - x^2}$$

I | Differenzialrechnung

Einen Extremwert finden wir, wenn wir zunächst

$$\frac{R^3}{24 \cdot \pi^2} \cdot x^2 \cdot \sqrt{4 \cdot \pi^2 - x^2}$$

nach x differenzieren. Das ist schon recht komplex – die Sache steckt voller Haken. Am besten geht es schrittweise und hier helfen Piktogramme. Wichtig ist dabei die richtige Reihenfolge. Und nicht aufgeben!

$V'(x) =$

$$\left(\frac{R^3}{24 \cdot \pi^2} \cdot x^2 \cdot \sqrt{4 \cdot \pi^2 - x^2} \right)'$$

$$\frac{R^3}{24 \cdot \pi^2} \cdot \left(x^2 \cdot \sqrt{4 \cdot \pi^2 - x^2} \right)'$$

$$\frac{R^3}{24 \cdot \pi^2} \cdot \left((x^2)' \cdot \sqrt{4 \cdot \pi^2 - x^2} + x^2 \cdot \left(\sqrt{4 \cdot \pi^2 - x^2} \right)' \right)$$

$$\frac{R^3}{24 \cdot \pi^2} \cdot \left(2 \cdot x \cdot \sqrt{4 \cdot \pi^2 - x^2} + x^2 \cdot \left(\sqrt{4 \cdot \pi^2 - x^2} \right)' \right) =$$

$$= \frac{R^3}{24 \cdot \pi^2} \cdot \left(2 \cdot x \cdot \sqrt{4 \cdot \pi^2 - x^2} + x^2 \cdot \left(z^{\frac{1}{2}} \right)' \right)$$

$$\frac{R^3}{24 \cdot \pi^2} \cdot \left(2 \cdot x \cdot \sqrt{4 \cdot \pi^2 - x^2} + x^2 \cdot \left(z^{\frac{1}{2}} \right)' \right) =$$

$$= \frac{R^3}{24 \cdot \pi^2} \cdot \left(2 \cdot x \cdot \sqrt{4 \cdot \pi^2 - x^2} + x^2 \cdot \frac{1}{2} \cdot z^{-\frac{1}{2}} \cdot z' \right) =$$

$$= \frac{R^3}{24 \cdot \pi^2} \cdot \left(2 \cdot x \cdot \sqrt{4 \cdot \pi^2 - x^2} + x^2 \cdot \frac{1}{2} \cdot (4 \cdot \pi^2 - x^2)^{-\frac{1}{2}} \cdot (4 \cdot \pi^2 - x^2)' \right)$$

$$\frac{R^3}{24 \cdot \pi^2} \cdot \left(2 \cdot x \cdot \sqrt{4 \cdot \pi^2 - x^2} + x^2 \cdot \frac{1}{2} \cdot (4 \cdot \pi^2 - x^2)^{-\frac{1}{2}} \cdot ((4 \cdot \pi^2)' - (x^2)') \right)$$

$$\frac{R^3}{24 \cdot \pi^2} \cdot \left(2 \cdot x \cdot \sqrt{4 \cdot \pi^2 - x^2} + x^2 \cdot \frac{1}{2} \cdot (4 \cdot \pi^2 - x^2)^{-\frac{1}{2}} \cdot (-(x^2)') \right)$$

$$\frac{R^3}{24 \cdot \pi^2} \cdot \left(2 \cdot x \cdot \sqrt{4 \cdot \pi^2 - x^2} + x^2 \cdot \frac{1}{2} \cdot (4 \cdot \pi^2 - x^2)^{-\frac{1}{2}} \cdot (-1) \cdot (x^2)' \right)$$

Die Ableitung des Produktes und des Quotienten | 8

$$\frac{R^3}{24\cdot\pi^2}\cdot\left(2\cdot x\cdot\sqrt{4\cdot\pi^2-x^2}+x^2\cdot\frac{1}{2}\cdot(4\cdot\pi^2-x^2)^{-\frac{1}{2}}\cdot(-1)\cdot 2\cdot x\right)$$

$$\frac{R^3\cdot x}{24\cdot\pi^2}\cdot\left(2\cdot\sqrt{4\cdot\pi^2-x^2}-\frac{x^2}{\sqrt{4\cdot\pi^2-x^2}}\right)$$

$$\frac{R^3}{24\cdot\pi^2}\cdot\frac{8\cdot\pi^2\cdot x-3\cdot x^3}{\sqrt{4\cdot\pi^2-x^2}}$$

Unser **Extremwert** muss sich unter den Nullstellen von $V'(x)$ finden lassen.

$$\frac{R^3}{24\cdot\pi^2}\cdot\frac{8\cdot\pi^2\cdot x-3\cdot x^3}{\sqrt{4\cdot\pi^2-x^2}}=0$$

Wir kürzen durch die konstanten Faktoren, die vorne stehen, multiplizieren die Gleichung mit dem Wurzelausdruck und heben x heraus.

$$x\cdot(8\cdot\pi^2-3\cdot x^2)=0$$

Da bei $x = 0$ mit $V = 0$ nur ein Volumenminimum vorliegen kann, bleibt als einzige positive Lösung:

$$x=2\cdot\pi\cdot\sqrt{\tfrac{2}{3}}\text{ rad}=5{,}13\text{ rad}$$

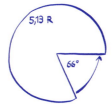

Dieser Wert entspricht etwa 294°. Der einzufaltende Winkel ist demnach 360° - 294° = 66°.

Dass dieser Wert ein **Volumenmaximum** und nicht ein Minimum darstellt, ist geometrisch klar.

Überlappt man fast alles eventuell mehrfach (hoher, sehr schmaler Kegel), so ist das Volumen sehr klein. Dasselbe gilt, wenn man fast nichts einfaltet (breiter, sehr flacher Kegel). Dazwischen kann nur ein Maximalwert liegen.

Wer es mathematisch prüfen will, muss 5,13 in die zweite Ableitung $V''(x)$ einsetzen. Der Wert, der sich ergibt, müsste dann negativ sein.

Das maximale Fassungsvermögen des Filters ist $V_{\text{Kegel}}(5{,}13)$. Der numerische Wert beträgt $0{,}403\cdot R^3$.

Kurvendiskussion ganzer Funktionen
Mathematischer Schönheitswettbewerb

Bei unbekannten Funktionen können wir über deren grafischen Verlauf praktisch nichts aussagen. Wir könnten einzelne Punkte der Funktion berechnen und die Kurve durch die Punkte legen. Dabei wären wir nie sicher, ob sich das Bild der Funktion zwischen den Punkten nicht ganz anders verhält als unsere gut gemeinte Schätzung bezüglich des Verlaufs zwischen diesen Punkten.

Erst die Differentialrechnung gibt uns die Möglichkeit, so **typische Kurvenpunkte** festzustellen, dass der Verlauf der Kurve einwandfrei erforscht werden kann. Diese Detektivarbeit an Kurven nennt man Kurvendiskussion.

I | Differenzialrechnung

Am Anfang einer Kurvendiskussionen steht die Frage, ob der definierende Ausdruck überall Sinn macht. Es ist der **Definitionsbereich** zu bestimmen.

Beachten wir z.B., dass die Funktion des Kaffeefilters

$$V = \frac{R^3}{24 \cdot \pi^2} \cdot x^2 \cdot \sqrt{4 \cdot \pi^2 - x^2}$$

für x außerhalb des Intervalls von $-2\cdot\pi$ bis $+2\cdot\pi$ gar keinen Sinn hat, weil die Wurzel dort nicht definiert ist.

Dafür überrascht die Funktion damit, dass $V(x)$ und $V(-x)$ immer dieselben Werte liefern, weil x nur in geraden (zweiten) Potenzen auftritt, die das Vorzeichen verschlucken.

Geometrisch heißt das, dass es sich bei der Funktion um eine **gerade Funktion** handelt, mit der y-Achse als Symmetrieachse. Jeder Punkt rechts von der Null hat eine genaue Entsprechung links von der Null und braucht dementsprechend nicht gesondert bestimmt zu werden. Derartige Eigenschaften nennt man **Symmetrieeigenschaften**.

Bisher haben wir wichtige Bereiche der Funktion betrachtet. Jetzt wollen wir uns spezielle Kurvenpunkte ansehen.

I | Differenzialrechnung

Die ersten signifikanten Punkte sind die **Nullstellen** der Funktion.

$$\frac{R^3}{24 \cdot \pi^2} \cdot x^2 \cdot \sqrt{4 \cdot \pi^2 - x^2} = 0$$

Ohne besondere Rechnung erkennt man, dass bei $x = 0$ eine (wegen $x^2 = 0$ sogar doppelte) Nullstelle liegt.

Wegen $4 \cdot \pi^2 - x^2 = 0$ gibt es zwei weitere Nullstellen am Rande des Definitionsbereichs, also bei $\pm 2 \cdot \pi$.

Kurvendiskussion ganzer Funktionen | 9

Die **Extremwerte** haben wir schon als besondere Punkte einer Kurve erkannt und für diese Kurve bereits als Großmutters Filtermaximum berechnet. Die zweite Ableitung kann – wie wir bereits wissen – darüber Auskunft geben, ob es sich um ein Maximum oder Minimum handelt.

Beim mathematischen Gipfelstürmer haben wir auch schon gesehen, dass die zweite Ableitung Auskuft über die Krümmung der Kurve gibt: Wir können mit der zweiten Ableitung Links- und Rechtskurven unterscheiden, je nachdem, ob sie positiv oder negativ ist.

Dazwischen – wo die zweite Ableitung null wird – muss die Links- in eine Rechskurve übergehen oder umgekehrt. Einen solchen Punkt, in dem die Kurve von links nach rechts oder umgekehrt wendet, heißt in nahe liegender Weise **Wendepunkt**.

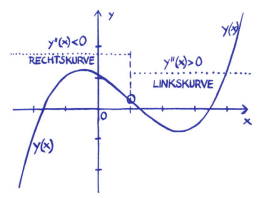

Um diesen Punkt zu finden, müssen wir die erste Ableitung

$$V'(x) = \frac{R^3}{24 \cdot \pi^2} \cdot \frac{8 \cdot \pi^2 \cdot x - 3 \cdot x^3}{\sqrt{4 \cdot \pi^2 - x^2}}$$

abermals differenzieren und dafür brauchen wir die Quotientenregel:

$$V''(x) = \frac{R^3}{24 \cdot \pi^2} \cdot \frac{(8 \cdot \pi^2 \cdot x - 3 \cdot x^3)' \cdot \sqrt{4 \cdot \pi^2 - x^2} - (8 \cdot \pi^2 \cdot x - 3 \cdot x^3) \cdot \left(\sqrt{4 \cdot \pi^2 - x^2}\right)'}{4 \cdot \pi^2 - x^2}$$

Mit unserer mittlerweile großen Fertigkeit im Anwenden der übrigen Regeln finden wir als Ergebnis:

$$V''(x) = \frac{R^3}{12 \cdot \pi^2} \cdot \frac{16 \cdot \pi^4 - 18 \cdot \pi^2 \cdot x^2 + 3 \cdot x^4}{\sqrt{(4 \cdot \pi^2 - x^2)^3}}$$

Diese **zweite Ableitung** muss null sein. Wir kürzen wieder durch die konstanten Faktoren und multiplizieren die Gleichung mit dem Wurzelausdruck. Es bleibt:

$$16 \cdot \pi^4 - 18 \cdot \pi^2 \cdot x^2 + 3 \cdot x^4 = 0$$

Diese biquadratische Gleichung lässt sich durch die Substitution $z = x^2$ auf eine quadratische Gleichung reduzieren und lösen.

Für z erhalten wir die Lösungen 48,51 bzw. 10,71, deren Wurzeln ±6,97 bzw. ±3,27 die Lösungen für x darstellen. Da die Lösung im Definitionsbereich $[-2\cdot\pi, +2\cdot\pi]$ liegen muss, kommt nur ± 3,27 in Frage.

In solchen Wendepunkten ist die **Krümmung** für einen Moment null. Sie wechselt von rechtsgekrümmt auf linksgekrümmt oder umgekehrt.

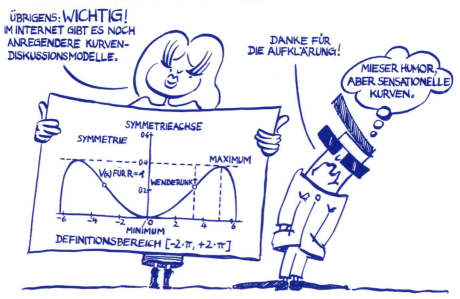

Abituraufgaben zeigen eine Vorliebe für Kurvendiskussionen. Wenn die Funktion gebrochen rational ist, lassen sich weitere signifikante Dinge ausrechnen. Das Internet bietet zwei Musterlösungen für gebrochen rationale Funktion an (Übungsangabe siehe Praxistraining D7, D8).

Übersicht für die Kurvendiskussion ganzer Funktionen

Definitionsbereich bestimmen.

Symmetrieeigenschaften prüfen.

$f(-x) = f(x)$	die Funktion ist gerade (axialsymmetrisch zur y-Achse)
$f(-x) = -f(x)$	die Funktion ist ungerade (punktsymmetrisch zum Koordinatenursprung)

Charakteristische Punkte einer Kurve, wie **Nullstellen, Extremwerte und Wendepunkte** suchen. Das Hilfsmittel dafür ist das Lösen von Gleichungen, die durch Nullsetzen der Funktion bzw. von deren Ableitungen entstehen.

$f(x) = 0$	Nullstellen der Funktion $f(x)$
$f'(x) = 0$	$f(x)$ hat eine waagrechte Tangente. Das kann bedeuten:
	$f(x)$ hat an dieser Stelle ein Maximum, wenn $f''(x) < 0$ ist
	$f(x)$ hat an dieser Stelle ein Minimum, wenn $f''(x) > 0$ ist
	Für $f''(x) = 0$ entscheiden erst höhere Ableitungen über das Verhalten von $f(x)$.
$f'(x) > 0$	$f(x)$ wächst.
$f'(x) < 0$	$f(x)$ fällt.
$f''(x) = 0$	$f(x)$ hat für einen Moment keine Krümmung. Das bedeutet:
	$f(x)$ hat einen Wendepunkt, wenn $f'''(x) \neq 0$.
	Für $f'''(x) = 0$ entscheiden erst höhere Ableitungen über das Verhalten von $f(x)$.
$f''(x) > 0$	$f(x)$ ist konvex (Linkskurve).
$f''(x) < 0$	$f(x)$ ist konkav (Rechtskurve).

STOPP!!!
ERST WEITERLESEN, WENN DAS MATHEMATISCHE FITNESSPROGRAMM ABSOLVIERT IST.

Die Ableitung der Winkelfunktionen
Das „verwinkelte" Argument

Sinusfunktion

I | Differenzialrechnung

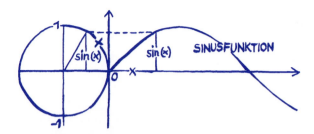

Wie bei der Herleitung der Ableitungsregeln bisher stützen wir uns bei der Suche nach der Ableitung der Sinusfunktion auf den Zusammenhang

$$df = f'(x) \cdot dx,$$

der die lineare (tangentiale) Zunahme von f berechnet, wenn x um dx vergrößert wird.

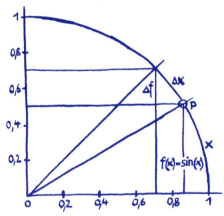

Wir wählen einen **Winkel x im Bogenmaß,** das ist zugleich die Länge des Bogens im Einheitskreis. Durch Auftragen der Länge x auf dem Bogen gelangen wir zu einem Punkt P. Sein y-Abstand (das ist der Weg des Schiebers der Sinusmaschine) zeigt uns im Einheitskreis den Funktionswert von

$$f(x) = \sin(x)$$

Jetzt kommt der **Clou:** So wie wir bisher den Zuwachs Δx auf der x-Achse aufgetragen haben, machen wir es jetzt auch auf dem Kreisbogen.

Wir vergrößern also das Argument x um Δx, um die entstehende Zunahme Δf des Funktionswerts $f(x)$ beurteilen zu können. Ebenso wie x ist jetzt natürlich auch Δx ein Bogenstück.

Da wir nur die lineare Zunahme brauchen, ersetzen wir den Bogen Δx durch das entsprechende Tangentenstück. Damit wird aus dem Bogendreieck ein rechtwinkeliges Dreieck, in dem wir wieder den Winkel x finden können.

Die Ableitung der Winkelfunktionen | 10

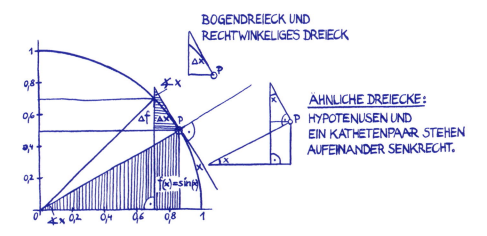

Im **rechtwinkligen Dreieck** sind die Winkelfunktionen durch Beziehungen zwischen den Katheten und der Hypotenuse definiert.

I | Differenzialrechnung

$$\frac{df}{dx} = \frac{\text{ANKATHETE}}{\text{HYPOTENUSE}} = \cos(x) = f'(x)$$

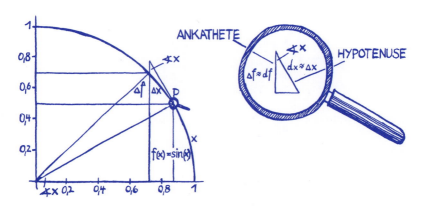

Wenn das Bogenstück Δx kleiner und kleiner wird, benötigen wir wieder unsere Super-Mega-Lupe, wo der Bogen von der Tangente nicht mehr zu unterscheiden ist. Hier ist dann auch der Funktionszuwachs Δf von der Kathete df nicht mehr zu unterscheiden. Das, was vorher kein Dreieck war, da durch ein Bogenstück begrenzt, ist jetzt ein Dreieck.

In diesem, auf differenzielle Größe verkleinerten, rechtwinkeligen Dreieck lässt sich der momentane Zuwachs df des Sinus durch $\cos(x) \cdot dx$ ausdrücken:

$df = \cos(x) \cdot dx$

Der Vergleich mit $df = f'(x) \cdot dx$ ergibt:

$f'(x) = \cos(x)$

Das ist die **Ableitung der Sinusfunktion**:

$(\sin(x))' = \cos(x)$.

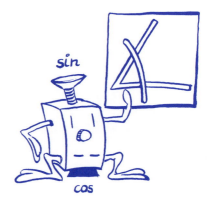

Aus Freude über die gelungene Herleitung gleich ein Beispiel, in dem zusätzlich die Kettenregel anzuwenden ist: Gesucht ist die Ableitung von

$$y = \sin^2(x)$$

WIR MATHEMATIKER SIND IM ALLGEMEINEN SEHR SCHREIBFAUL, DESHALB HABEN SICH OFT SCHREIBWEISEN EINGEBÜRGERT, BEI DENEN MAN DIE VERKETTUNG DER INNEREN UND ÄUSSEREN FUNKTION NICHT MEHR ERKENNT.

SO SCHREIBEN WIR:

$\sin^2 x$

°°°° UND MEINEN:

$\left(\sin(x)\right)^2$.

HOCH 2

$\sin(x)$

Dieses Beispiel zeigt, warum gerade die Kettenregel mitunter so große Probleme bereitet. Bei $f(x) = \sin^2(x)$ liegt das Problem oft nicht an der Kettenregel, sondern daran, dass der Anwender nicht weiß, dass $\sin^2(x)$ die Kurzform von $(\sin(x))^2$ ist. Erst diese ausführliche Schreibweise macht klar, dass

$f_i(x) = z = \sin(x)$ die innere und

$f_a(z) = z^2$ die äußere Funktion ist.

Nun ist es einfach, die Teilableitungen zu bilden. Es gilt:

$f_i'(x) = (\sin(x))' = \cos(x)$

$f_a'(z) = 2 \cdot z = 2 \cdot \sin(x)$

Zusammengebaut zu einem Produkt ergibt sich die Ableitung der verketteten Funktion:

$f'(x) = 2 \cdot \sin(x) \cdot \cos(x).$

I | Differenzialrechnung

Kosinusfunktion

Für die Herleitung verwenden wir einen Trick. Wir differenzieren einen altbekannten Zusammenhang zwischen Sinus und Cosinus:

$$\cos(x) = \sin(\tfrac{\pi}{2} - x)$$

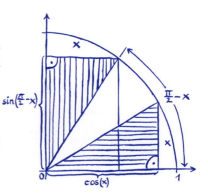

Dabei benötigen wir die Kettenregel für $\sin(z)$ mit $z = \tfrac{\pi}{2} - x$

$(\cos(x))' = \quad (\sin(\tfrac{\pi}{2} - x))'$

$\qquad\qquad (\sin(z))' \cdot (\tfrac{\pi}{2} - x)'$

$\qquad\qquad \cos(z) \cdot (\tfrac{\pi}{2} - x)'$

$\qquad\qquad \cos(\tfrac{\pi}{2} - x) \cdot ((\tfrac{\pi}{2})' - (x)')$

$\qquad\qquad \cos(\tfrac{\pi}{2} - x) \cdot ((0 - (x^1)')$

$\qquad\qquad \cos(\tfrac{\pi}{2} - x) \cdot ((-1 \cdot x^0)$

$\qquad\qquad -\cos(\tfrac{\pi}{2} - x)$

Mit der Beziehung

$$\cos(\tfrac{\pi}{2} - x) = \sin(x)$$

erhalten wir als **Ableitung der Kosinusfunktion**:

$$(\cos(x))' = -\sin(x)$$

Auch für diese und alle weiteren Regeln, die Winkelfunktionen betreffen, wollen wir das Winkelsymbol verwenden.

Die Ableitung der Winkelfunktionen | 10

Tangensfunktion

Mit der Quotientenregel können wir auch die **Ableitung des Tangens** bilden:

$$(\tan(x))' = \left(\frac{\sin(x)}{\cos(x)}\right)'$$

$$\frac{(\sin(x))' \cdot \cos(x) - \sin(x) \cdot (\cos(x))'}{\cos^2(x)}$$

$$\frac{\cos(x) \cdot \cos(x) - \sin(x) \cdot (-\sin(x))}{\cos^2(x)}$$

$$\frac{\cos^2(x) + \sin^2(x)}{\cos^2(x)}$$

$$1 + \tan^2(x) = \frac{1}{\cos^2(x)}$$

Das vorletzte Ergebnis drückt die Ableitung des Tangens wieder durch den Tangens aus, allerdings in Form einer Summe. Das letzte Ergebnis ist einfacher, enthält aber den Cosinus an Stelle des Tangens. Je nach Anwendung ist einmal die eine, einmal die andere Form praktischer.

Zusammenfassung:

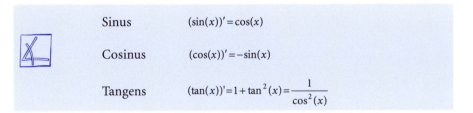

Sinus $\quad (\sin(x))' = \cos(x)$

Cosinus $\quad (\cos(x))' = -\sin(x)$

Tangens $\quad (\tan(x))' = 1 + \tan^2(x) = \dfrac{1}{\cos^2(x)}$

Newton'sches Näherungsverfahren
Im Zickzackkurs zur Lösung

Dr. Know möchte wissen, ob er Heizöl kaufen muss. Sein Öltank hat zwar ein Schauglas, aber keine Markierungen für die genaue Füllmenge. Spätestens dann, wenn ¾ des Öls verbraucht ist, will er nachbestellen. Der Tank hat die Form eines liegenden Zylinders mit der Länge 5 m und einem Kreisdurchmesser von 1 m.

In welcher Höhe über dem unteren Rand muss markiert werden, dass der Tank nur mehr zu einem Viertel voll ist?

Die Länge des Öltanks ist nur notwendig, um die Füllung in Litern zu berechnen. Für die Berechnung der prozentuellen Füllung (25%) genügt es, das Verhältnis der vom Öl benetzten Kreisfläche zur Gesamtfläche des Kreises auszurechnen.

Die benetzte Fläche ist ein Kreissegment, das durch Subtraktion eines gleichschenkligen Dreiecks (mit dem Winkel $2 \cdot x$ an der Spitze) von einem Tortenstück (einem Kreissektor) entsteht. Wir haben hier den Winkel mit x bezeichnet, weil sich später herausstellen wird, dass er die Unbekannte ist.

I | Differenzialrechnung

Aus der Hälfte dieses Dreiecks, das rechtwinklig ist und die Hypotenuse 50 hat, können wir die beiden Katheten mit Hilfe des Winkels x ausdrücken. Wir bezeichnen mit a die Länge des halben Ölspiegels und mit b die andere Kathete:

$$\frac{b}{50} = \cos(x) \;\Rightarrow\; b = 50 \cdot \cos(x) \quad \text{und}$$

$$\frac{a}{50} = \sin(x) \;\Rightarrow\; a = 50 \cdot \sin(x)$$

Die Fläche des **gleichschenkligen Dreiecks** (mit dem Winkel $2 \cdot x$ an der Spitze) ist dann das Produkt der beiden Katheten:

$$50^2 \cdot \sin(x) \cdot \cos(x).$$

Nun zum Tortenstück: Es hat den Mittelpunktswinkel $2 \cdot x$. Die Kreisfläche ist $50^2 \cdot \pi$. Diese Fläche ist im Verhältnis $2 \cdot x$ zu $2 \cdot \pi$ zu teilen, damit nur der **Sektor** übrig bleibt. Die Zweier und π kürzen sich, die Sektorfläche beträgt:

$$50^2 \cdot x \quad (x \text{ im Bogenmaß gerechnet!}).$$

Ziehen wir die beiden Flächen voneinander ab, so ergibt sich:

$$A_{\text{Segment}} = 50^2 \cdot x - 50^2 \cdot \sin(x) \cdot \cos(x) = 50^2 \cdot (x - \sin(x) \cdot \cos(x))$$

Diese **Segmentfläche** soll ein Viertel der Kreisfläche sein:

$$\tfrac{1}{4} \cdot 50^2 \cdot \pi = 50^2 \cdot (x - \sin(x) \cdot \cos(x))$$

Wir sollten also die **Gleichung**

$$\pi = 4 \cdot (x - \sin(x) \cdot \cos(x))$$

nach x auflösen und diesen Wert in

$$b = 50 \cdot \cos(x)$$

einsetzen. Die Marke ist dann bei $50 - b$ über dem Boden anzubringen.

Diese Gleichung ist weder linear noch quadratisch. Sie kann also nicht durch eine allgemein gültige, symbolische Formel gelöst werden.

Nun können wir das Lösen der Gleichung auch als Suche nach den Nullstellen der Funktion $f(x)$ auffassen, also als das Bestimmen der Schnittpunkte von $f(x)$ mit der x-Achse.

I | Differenzialrechnung

Wir geben uns einen **Startpunkt** $(x_0, f(x_0))$ auf der Funktion vor, indem wir ein x_0, möglichst in der Nähe der Nullstelle wählen. Dieses x_0 können wir zum Beispiel rechnerisch festlegen, indem wir einfach Werte einsetzen, bis die Funktionswerte nahe null sind. Auch ein Graph kann hilfreich sein. Bei Anwendungen liefert oft die Problemstellung – wie im folgenden Beispiel – einen Hinweis für die Wahl des Startwerts.

Nun legen wir die **Tangente** durch diesen Startpunkt. Dieses Problem haben wir bereits im Beispiel mit der Taschenlampe gelöst. Die Tangente erzeugt im Koordinatensystem die Punkte $(x, y(x))$ und hat die Gleichung:

$$y(x) = f(x_0) + (x - x_0) \cdot f'(x_0)$$

Newtons Idee: Wir bestimmen statt der Nullstelle der Funktion $f(x)$ die Nullstelle dieser Tangente $y(x)$ – besser als gar nichts. Wir berechnen also x für $y(x) = 0$:

$$0 = f(x_0) + (x - x_0) \cdot f'(x_0) \quad \text{oder} \quad x - x_0 = -\frac{f(x_0)}{f'(x_0)}$$

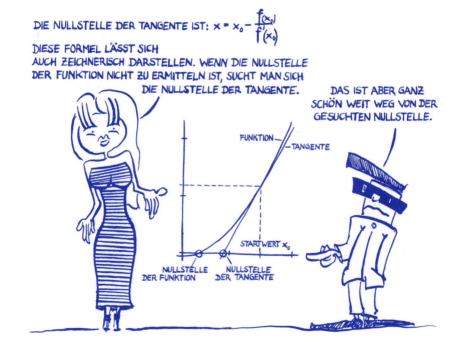

Bei unserem Problem ist

$$f(x) = 4 \cdot x - 4 \cdot \sin(x) \cdot \cos(x) - \pi \text{ und } f'(x) = 4 - 4 \cdot (\cos^2(x) - \sin^2(x)).$$

Wenn wir mit dem plausiblen Startwert $x_0 = \frac{\pi}{3}$ (das entspricht 60°) beginnen, ergibt sich für x:

$$x = x_0 - \frac{f(x_0)}{f'(x_0)} = \frac{\pi}{3} - \frac{4 \cdot \frac{\pi}{3} - 4 \cdot \sin(\frac{\pi}{3}) \cdot \cos(\frac{\pi}{3}) - \pi}{4 - (\cos^2(\frac{\pi}{3}) - \sin^2(\frac{\pi}{3}))} = 1{,}161$$

Nun kommt der **Clou:** Wir nennen den soeben berechneten Wert 1,161 x_1 und legen die Tangente durch den Punkt $(x_1, f(x_1))$. Nun müssten wir genau dieselbe Rechnung wie oben durchführen, um die Nullstelle der neuen Tangente zu finden – das können wir uns aber sparen, weil das dieselbe Formel liefert, nur mit x_1 an Stelle von x_0. Damit erhalten wir ein abermals verbessertes x_2:

$$1{,}161 - \frac{f(1{,}161)}{f'(1{,}161)} = 1{,}155$$

Eine nochmalige Wiederholung erzeugt wieder den Wert 1,155. Das heißt, dass die Nullstelle von f – das ist die Lösung unserer Gleichung – auf drei Stellen genau bestimmt ist.

Mit dieser Nullstelle können wir nun die Marke anbringen:

$b = 50 \cdot \cos(1{,}155) = 20{,}2$

Die Marke muss 50 − 20,2 = 29,8 cm über dem Boden angebracht werden.

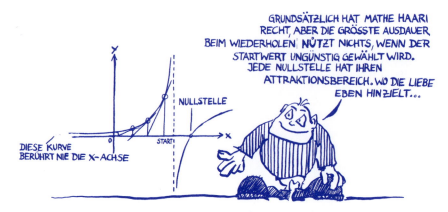

Der **Erfolg dieser Näherungsmethode** – die nur anwendbar ist, wenn $f(x)$ differenzierbar ist – hängt entscheidend von der Wahl des Startwerts ab. Im Prinzip muss er erraten werden. Hierbei soll jede Information berücksichtigt werden, die man bezüglich des Funktionsverlaufs hat. Die Zeichnung zeigt nur eine der möglichen kritischen Situationen. Der Startwert ist zwar in der Nähe der Nullstelle, aber durch einen Pol von dieser getrennt. Hier ist der Misserfolg vorprogrammiert.

Generell müssen die Nullstellen der Tangenten von der Nullstelle der Funktion „angezogen" und nicht „abgestoßen" werden.

Zusammenfassung:

Die näherungsweise Bestimmung von Nullstellen einer Funktion $f(x)$ nach Newton funktioniert also wie folgt:

(1) Wähle ein x_0 in der Nähe der Nullstelle.

(2) Verbessere den Wert durch wiederholtes Anwenden der Formel:
$$x_{n+1} = x_n - \frac{f(x_n)}{f'(x_n)} \text{ für } n = 0, 1, 2, \ldots$$

(3) Stimmen zwei aufeinanderfolgende Werte innerhalb der gewünschten Genauigkeit überein, dann beende das Verfahren.

Ableitung der Exponentialfunktion und des Logarithmus
Wo sich die Katze in den Schwanz beißt

Die Ableitung der Exponentialfunktion

Gibt es eine Funktion, die mit ihrer Ableitung identisch ist?

Die Exponentialfunktionen $f(t) = a^t$ zeichnen sich dadurch aus, dass sie die zeitliche Entwicklung von vielen Wachstums- und Zerfallsprozessen in der Natur beschreiben.

Das einfache Prinzip, das die Natur diesen Prozessen unterlegt hat, ist:

Die zeitliche **Änderung des Wachsens** (des Zerfalls) ist in jedem Moment proportional zur vorhandenen Menge. Wenn wir mit $f(t)$ die Wachstumsfunktion beschreiben, dann drückt $f'(t)$ die zeitliche Änderung dieses Wachsens aus. Diese beiden Funktionen sind also – so will es die Natur – proportional zueinander. Bezeichnen wir die Proportionalitätskonstante mit λ, so drückt sich dieser Zusammenhang mathematisch durch die **Differenzialgleichung** $f'(t) = \lambda \cdot f(t)$ aus.

Nun wollen wir wieder x an Stelle von t schreiben.

Unter allen Exponentialfunktionen $f(x) = a^x$ hat sich die Natur in die mit der Basiszahl $a = e = 2{,}718281828\ldots$ verliebt. Der Grund liegt unter anderem darin, dass hier die Differenzialgleichung die einfache Form $f'(x) = f(x)$ ($\lambda = 1$) hat. Die Ableitung von e^x heißt also wieder e^x.

Ableitung der Exponentialfunktion und des Logarithmus | 12

Geometrisch lässt sich diese Eigenschaft sehr anschaulich interpretieren:

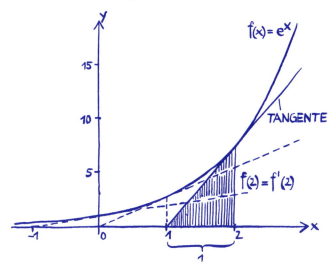

Die Differenzialgleichung besagt, dass bei $f(x) = e^x$ die Tangentensteigung – das ist die Ableitung von e^x – in jedem Punkt identisch mit dem Funktionswert ist.

Mit dem „Einsertrick" für die horizontale Kathete des Steigungsdreiecks stellt die senkrechte Kathete unmittelbar die Tangentensteigung dar. Diese Kathete ist aber zugleich der Funktionswert.

Diese Funktion stellt also die Grundlösung der einfachsten Differenzialgleichung dar, die wir kennen. Wegen der Regel für den konstanten Faktor sind natürlich auch ihre Vielfachen $f(x) = k \cdot e^x$ Lösungen dieser Differenzialgleichung.

Da die **Wachstums- und Zerfallsprozesse** in der Natur den Gesetzmäßigkeiten dieser Differenzialgleichung unterliegen, hat die Zahl e in der Mathematik eine ähnliche große Bedeutung wie π. Sie wurde daher auch mit einem eigenen Symbol bedacht.

Auch in der Wirtschaft gibt es Wachstumsprozesse, nämlich Gewinne und Verluste. Wir stoßen hier ebenso auf die Exponentialfunktion mit der Basis e und ihre Umkehrung, den natürlichen Logarithmus (ln).

Dazu ein Beispiel:

I | Differenzialrechnung

Die Firma Stinki & Reichi Profumo verkauft Parfüms.

Man weiß, dass die verkaufte Menge x (in Millionen Stück) durch den Preis p (in Millionen Talern) massiv beeinflusst wird.

Aufgrund von Erfahrungswerten kann dieser Einfluss bei diesem und ähnlichen Produkten durch die Preis-Absatzfunktion

$$x = -3 \cdot \ln(\tfrac{p}{15})$$

beschrieben werden. Sie gibt an, auf welche Weise die verkaufte Menge x (der Absatz des Produktes) von der Preisvorgabe p abhängt. Insbesondere zeigt sie, dass das Produkt ab einem Preis von p = 15 Talern nicht mehr gekauft wird.

Eine für das Unternehmen wichtige Frage ist:
Bei welcher Menge x_0 ist der Erlös ein Maximum?

Ableitung der Exponentialfunktion und des Logarithmus | 12

Der Erlös entspricht dem Produkt aus Menge mal Preis:

$E(x) = x \cdot p(x)$.

Den Preis p erhalten wir, wenn wir die Umkehrfunktion zu

$x = -3 \cdot \ln(\frac{p}{15})$

bilden, also die Gleichung nach p auflösen:

$p(x) = 15 \cdot e^{-\frac{x}{3}}$

Damit ergibt sich als **Erlösfunktion:**

$E(x) = 15 \cdot x \cdot e^{-\frac{x}{3}}$

Um einen Extremwert zu finden, muss sie nach x differenziert und null gesetzt werden. Diese Funktion ist, abgesehen vom konstanten Faktor 15, ein Produkt zweier Funktionen von x.

I | Differenzialrechnung

$$E'(x) = \left(15 \cdot x \cdot e^{-\frac{x}{3}}\right)'$$

$$15 \cdot \left(x \cdot e^{-\frac{x}{3}}\right)'$$

$$15 \cdot \left((x)' \cdot e^{-\frac{x}{3}} + x \cdot \left(e^{-\frac{x}{3}}\right)'\right)$$

$$15 \cdot \left(1 \cdot e^{-\frac{x}{3}} + x \cdot \left(e^{-\frac{x}{3}}\right)'\right)$$

$$15 \cdot \left(e^{-\frac{x}{3}} + x \cdot (e^z)' \cdot z'\right)$$

$$15 \cdot \left(e^{-\frac{x}{3}} + x \cdot e^z \cdot (-\tfrac{1}{3} \cdot x)'\right)$$

$$15 \cdot \left(e^{-\frac{x}{3}} + x \cdot e^{-\frac{x}{3}} \cdot (-\tfrac{1}{3}) \cdot (x)'\right)$$

$$15 \cdot \left(e^{-\frac{x}{3}} + x \cdot e^{-\frac{x}{3}} \cdot (-\tfrac{1}{3}) \cdot 1\right)$$

$$15 \cdot \left(e^{-\frac{x}{3}} + x \cdot e^{-\frac{x}{3}} \cdot (-\tfrac{1}{3})\right)$$

Nach dem Ausklammern der Exponentialfunktion und Kürzen durch 3 bleibt:

$$E'(x) = 5 \cdot e^{-\frac{x}{3}} \cdot (3 - x)$$

Nullsetzen dieses Ausdrucks ergibt, nachdem wir durch $5 \cdot e^{-\frac{x}{3}} \neq 0$! dividiert haben, unmittelbar die Lösung $x_0 = 3$ Millionen Stück.

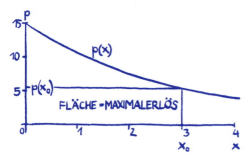

Der Preis 5,52 Millionen Taler, der sich für diese Menge ergibt, lässt sich anhand der Preisfunktion ermitteln.

Die zweite Ableitung, die an dieser Stelle negativ ist, bestätigt, dass ein **Maximum** vorliegt.

Ableitung der Exponentialfunktion und des Logarithmus | 12

Die Ableitung der Umkehrfunktion

Der natürliche Logarithmus $\ln(x)$ ist die Umkehrfunktion zu e^x. Lässt sich aus der Differenziationsregel für e^x eine Ableitungsregel für den Logarithmus gewinnen?

Was wir bräuchten, wäre eine Regel für die Umkehrfunktion, eine **Umkehrregel**.

Algebraisch gesehen, sind bei einer Funktion und ihrer Umkehrfunktion immer nur die Koordinaten x und y vertauscht. Geometrisch handelt es sich daher um Spiegelbilder bezüglich der Geraden $y = x$.

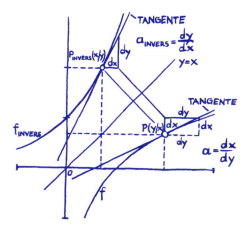

Sehen wir uns zwei spiegelbildlich zugeordnete Punkte $P_{invers}(x,y)$ und $P(y,x)$ an. Die Steigung der Tangente in P_{invers} wird durch die Ableitung

$$\frac{dy}{dx}$$

beschrieben, die wir suchen. Betrachten wir den Punkt P und die Tangente. Sie hat dort die Steigung $\frac{dx}{dy}$, die wir kennen.

Für ihr Produkt gilt, wie man an den Steigungsdreiecken erkennt:

$\frac{dx}{dy} \cdot \frac{dy}{dx} = 1$

Daraus ergibt sich die **Umkehrregel** in der besonders einprägsamen Leibniz'schen Schreibweise:

$$\frac{dy}{dx} = \frac{1}{\frac{dx}{dy}}$$

I | Differenzialrechnung

Die Ableitung des natürlichen Logarithmus

Die Anwendung der Umkehrregel erfordert ein wenig Übung. Die Ableitung des natürlichen Logarithmus würde nach dieser Regel folgendermaßen aussehen:

$$y = \ln(x)$$

ist äquivalent mit:

$$e^y = e^{\ln(x)} = x$$

Aus $x = e^y$ ergibt sich die Ableitung

$$\frac{dx}{dy} = e^y = x$$

Nach der Regel gilt daher:

$$(\ln(x))' = \frac{dy}{dx} = \frac{1}{\frac{dx}{dy}} = \frac{1}{x}$$

Mit den Beziehungen $_a\log(x) = \frac{\ln(x)}{\ln(a)}$ und $a^x = e^{x \cdot \ln(a)}$ ergeben sich folgende Formeln für die allgemeine Exponentialfunktion und die Logarithmen:

$(_a\log(x))' =$

$\left(\dfrac{\ln(x)}{\ln(a)}\right)' = \left(\dfrac{1}{\ln(a)} \cdot \ln(x)\right)'$

$\dfrac{1}{\ln(a)} \cdot (\ln(x))'$

$(a^x)' =$
$(e^{x \cdot \ln(a)})'$

$(e^z)' \cdot z'$

$e^z \cdot (x \cdot \ln(a))'$

$e^{x \cdot \ln(a)} \cdot \ln(a) \cdot (x^1)'$

$a^x \cdot \ln(a)$

Ableitung der Exponentialfunktion und des Logarithmus | 12

Die Ableitung des Arcustangens

Arcus heißt Bogen: Die **Arcusfunktionen** berechnen – umgekehrt wie die Winkelfunktionen – den Bogen (Winkel), der zu einem Winkelfunktionswert gehört. Da wir die Tangensfunktion und ihre Ableitung

$$((\tan(x))' = 1 + \tan^2(x))$$

kennen, können wir mit der Umkehrregel auch die Ableitung der Umkehrfunktion, des Arcustangens, bestimmen.

$y = \arctan(x)$ ist gleichbedeutend mit $x = \tan(y)$.

Daraus ergibt sich

$$\tfrac{dx}{dy} = 1 + \tan^2(y) = 1 + x^2$$

$$\frac{dy}{dx} = \frac{1}{\tfrac{dx}{dy}} = \frac{1}{1+x^2}$$

$$(\arctan(x))' = \frac{1}{1+x^2}$$

Zusammenfassung:

	Natürlicher Logarithmus	$(\ln(x))' = \dfrac{1}{x}$
	Standard-Exponentialfunktion	$(e^x)' = e^x$
	Arcustangens	$(\arctan(x))' = \dfrac{1}{1+x^2}$
	Logarithmus zur Basis a	$\left(_a\log(x)\right)' = \dfrac{1}{\ln(a)} \cdot \dfrac{1}{x}$
	Exponentialfunktion	$(a^x)' = \ln(a) \cdot a^x$

I | Differenzialrechnung

Die **Umkehrfunktionen zu den Winkelfunktionen** haben auch in der Praxis ihren Nutzen und zwar immer dann, wenn ein Winkel bestimmte Bedingungen erfüllen soll, wie zum Beispiel, möglichst groß zu werden. Für ein passendes Beispiel gehen wir auf den Fußballplatz:

Franz Flügelsturm ist durchgebrochen und sprintet auf einem 105m 70m-Fußballfeld mit dem Ball die linke Seitenlinie entlang. Rechts von ihm hält der Gegenspieler Michael Wallach gerade noch mit. Krampfhaft überlegt Stefan, in welcher Entfernung x von der linken Ecke er wohl die beste Schussposition auf das Tor von Ollie Kühn hätte. Korrekt gesagt: Er sucht jenen Punkt X, von dem aus das Tor unter dem größtmöglichen Winkel γ=α-β gesehen wird.

Ableitung der Exponentialfunktion und des Logarithmus | 12

Für α und β lassen sich ohne weiteres geeignete Beziehungen in rechtwinkligen Dreiecken finden.

$$\tan(\alpha) = \frac{31{,}34 + 7{,}32}{x} \implies \alpha = \arctan(\frac{38{,}66}{x})$$

$$\tan(\beta) = \frac{31{,}34}{x} \implies \beta = \arctan(\frac{31{,}34}{x})$$

$$\gamma = \alpha - \beta = \arctan(\frac{38{,}66}{x}) - \arctan(\frac{31{,}34}{x})$$

Nun sollten wir γ nach x differenzieren und null setzen, um das Maximum zu bestimmen. Nach der gerade abgeleiteten **Regel für den Arcustangens** gilt:

$$(\arctan(x))' = \frac{1}{1+x^2}$$

Mit dieser Regel, der Ketten- und der Potenzregel, können wir nun unser Fußballproblem lösen.

Differenzieren wir zunächst $\alpha = (\arctan(\frac{38{,}66}{x}))$

$$\alpha' = \qquad (\arctan(\tfrac{38{,}66}{x}))'$$

$$(\arctan(z))' \cdot z'$$

$$\frac{1}{1+z^2} \cdot (38{,}66 \cdot x^{-1})'$$

$$\frac{1}{1+\frac{1494{,}6}{x^2}} \cdot 38{,}66 \cdot (-1) \cdot x^{-2}$$

$$\frac{-38{,}66}{(1+\frac{1494{,}6}{x^2}) \cdot x^2} = \frac{-38{,}66}{x^2 + 1494{,}6}$$

Auf die gleiche Weise erhalten wir den Subtrahenden

$$\beta' = \frac{-31{,}34}{x^2 + 982{,}2}$$

und damit:

$$\gamma' = \frac{-38{,}66}{x^2 + 1494{,}6} - \frac{-31{,}34}{x^2 + 982{,}2}$$

109

I | Differenzialrechnung

Diesen Ausdruck müssen wir null setzen. Wir bringen ihn auf den gemeinsamen Nenner.

$$\frac{-38,66 \cdot (x^2 + 982,2) + 31,34 \cdot (x^2 + 1494,6)}{(x^2 + 1494,6) \cdot (x^2 + 982,2)} = 0$$

Nach dem Durchmultiplizieren des Nenners bleibt die einfache **reinquadratische Gleichung:**

$7,32x^2 - 8868,94 = 0$ oder $x^2 = 1211,6$

Da nur die positive Lösung einen Sinn hat, ergibt sich für die optimale Entfernung 34,8 m.

Dass es sich dabei um ein Maximum handelt, zeigt eine einfache geometrische Überlegung. Läuft Franz bis zur Ecke, dann ist γ Null. In entgegengesetzter Richtung wird γ zuerst größer, dann wieder kleiner. Bei unendlicher Entfernung sogar wieder Null. Dazwischen muss sich ein **Maximum** befinden.

110

Umkehrung der Kurvendiskussion
Mathes Maßschneiderei

Der Schneider misst nur einige typische Körpermaße. Auch bei Kurvendiskussionen berechnen wir nur wenige Maßzahlen bemerkenswerter Kurvenpunkte, so dass das Aussehen der Kurve bestimmt werden kann, ohne alle Funktionswerte berechnen zu müssen. Das heißt, die Funktion ist gegeben und wir suchen so bequem wie möglich ihr Bild.

Sehr oft erfordert die Praxis das Umgekehrte. Ein Bild – eine Landschaft – ist vorgegeben und wir versuchen dem Gelände einen Straßenverlauf anzupassen, ohne zu viele Berge abtragen zu müssen. Oder ein Bahngleis soll so geführt werden, dass es sich ohne scharfe Kurven in mehrere Gleise eines Bahnhofs aufteilt. In allen diesen Fällen gibt es Bedingungen für die Trassenführung und wir suchen eine Kurve, d.h. eine Funktion, die diese Bedingungen erfüllt. Wie die Schneiderei die Kleider an die Körperform anpasst, so muss die Mathematik hier **Kurven** den Geländeformen **anpassen** oder Bauwerke in die Trassenführung einbinden. Ein Beispiel hierzu:

I | Differenzialrechnung

Der Bahnhof Zweigstett, der an einer schnurgeraden Bahnstrecke liegt, soll einen neuen Bahnsteig bekommen. 300 Meter vor Beginn des neuen Bahnsteigs soll die abzweigende Weiche liegen. Die Gleismitten sollen im Bahnhof einen Abstand von 10 Metern haben.

Wie muss die Abzweigung geführt werden, damit die Schienen richtig gebogen werden können?

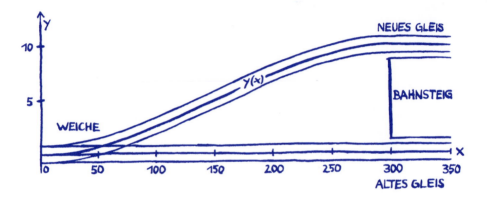

Am besten stellen wir diesen neuen Schienenweg – besser gesagt, die Schienenmitte – als Funktion $y(x)$ dar. Das geht wieder nur, wenn wir alles so einfach wie möglich in ein Koordinatensystem einbetten. Beispielsweise können wir den **Ursprung in die Abzweigweiche** legen und die Wegachse x an dem vorhandenen schnurgeraden Gleis entlang. Die y-Achse steht dann senkrecht darauf und soll in die Richtung weisen, in die die Abzweigung führt.

Das Problem ist dann, dass der Punkt $(0, 0)$, wo die Weiche liegt, mit dem Punkt $(300, 10)$ durch $y(x)$ so verbunden werden muss, dass sich der Zug und die Passagiere wohlfühlen und der Zug hinter $(300, 10)$ parallel zum alten Gleis weiterfahren kann.

Hier stecken schon **zwei Bedingungen** für $y(x)$ drin. $y(x)$ muss durch diese beiden Punkte laufen, sonst entgleist der Zug.

Das Einfachste wäre nun, die beiden Punkte mit einer Geraden zu verbinden. In diesem Fall würden sich aber sowohl der Zug als auch die Passagiere zumindest an zwei Stellen nicht wohlfühlen, weil der Zug einen Haken schlagen müsste. Er sollte bei $(0, 0)$ sanft von der Weiche gleiten und ebenso bei $(300, 10)$ parallel zum alten Gleis – also zur x-Achse – in den Bahnhof einfahren. Sanft weggleiten heißt aber tangential zu den geraden Schienen. In diesen beiden Punkten müssen also die Steigungen der Tangenten nach unserer Wahl des Koordinatensystems null sein.

Hieraus lassen sich **zwei weitere Bedingungen** finden. Die Steigungen der Tangenten sind nichts anderes als die Ableitungen an den entsprechenden Punkten, d.h. $y'(0)$ und $y'(300)$ müssen null sein.

Damit haben wir nun insgesamt vier Bedingungen:

$$y(0) = 0, y(300) = 10, y'(0) = 0 \text{ und } y'(300) = 0.$$

Nun benötigen wir eine Kurve, mit der sich – möglichst einfach – vier Bedingungen erfüllen lassen. Sie muss also **vier beliebig wählbare Parameter** enthalten. Versuchen wir's mit:

$$y(x) = a{\cdot}x^3 + b{\cdot}x^2 + c{\cdot}x + d$$

Damit $y(0)$ den Wert null annimmt, muss die Gleichung stimmen, wenn wir für x und y null einsetzen:

$$0 = d$$

y ist 10, wenn wir für x den Wert 300 wählen:

$$10 = a{\cdot}300^3 + b{\cdot}300^2 + c{\cdot}300 + d$$

In dieser Gleichung können wir zwar für d null einsetzen, aber es bleiben immer noch drei Unbekannte übrig. Wir haben aber auch noch zwei Bedingungen:

Die beiden übrigen Bedingungen betreffen y'. Das müssen wir erst bilden:

$$y'(x) = a{\cdot}3{\cdot}x^2 + b{\cdot}2{\cdot}x + c$$

Da y' in beiden Punkten null ist (die Tangente ist waagrecht), ergeben sich zwei weitere Gleichungen:

$$0 = c \text{ und}$$

$$0 = a{\cdot}3{\cdot}300^2 + b{\cdot}2{\cdot}300 + c$$

Nun sind d und c null, daher bleiben die beiden Gleichungen:

$$10 = a{\cdot}300^3 + b{\cdot}300^2 \text{ und}$$

$$0 = a{\cdot}3{\cdot}300^2 + b{\cdot}2{\cdot}300$$

I | Differenzialrechnung

Wir berechnen b aus der zweiten Gleichung: $b = -450 \cdot a$ und setzen es in die erste Gleichung ein:

$$10 = a \cdot (27000000 - 450 \cdot 90000) = a \cdot (-13500000) \qquad a = -\frac{1}{1350000}$$

$$b = -450 \cdot a \qquad\qquad\qquad\qquad\qquad\qquad b = \frac{1}{3000}$$

Die **Schienenmitte** wird also durch die Funktion

$$y(x) = -\frac{x^3}{1350000} + \frac{x^2}{3000}$$

beschrieben.

Die Schienen selbst müssen dann links und rechts davon mit jeweils der halben Spurweite auf den Schwellen befestigt werden.

Mathe Haaris Maßschneiderei hat hier den optimalen Gleisverlauf als Funktion bestimmt. Aus Maßzahlen, d.h. Punkten, durch die die Kurve gehen sollte, und aus vorgegebenen Tangentensteigungen wurde die Funktion durch Lösen eines Gleichungssystems festgelegt. Sehr oft – vor allem bei Kurvenanpassungen in der Wirtschaftstheorie – bilden Polynomfunktionen

$$y(x) = a_n x^n + a_n\text{-}1 x^{n-1} + \ldots + a_1 x + a_0$$

den Ausgangspunkt.

Das Verfahren stellt gewissermaßen die **Umkehrung zur Kurvendiskussion** dar und wird **Kurvenmodellierung** – nach den Models – genannt.

114

Teil II

INTEGRALRECHNUNG
VON DEN TEILEN ZUM GANZEN

Erste Schritte in der Integralrechnung
Das Ganze ist mehr als die Summe seiner Teile

Integral als Umkehrung des Differenzierens

Seit Newton ist bekannt, dass die Ableitung $s'(t)$ des Weges nach der Zeit die Momentangeschwindigkeit $v(t)$ für jeden Zeitpunkt t angibt. Wir können aus der **Wegfunktion** $s(t)$ nur durch Rechnen – in diesem Fall durch Differenzieren – sofort die Geschwindigkeitsfunktion $v(t) = s'(t)$ ableiten.

II | Integralrechnung

Es gibt Messgeräte für diese Größen. Ein Auto z.B. hat für alle drei Größen t, s und v ein Gerät an Bord. Die Uhr zeigt die Zeit, der Kilometerzähler den Weg und der Tachometer die aktuelle Geschwindigkeit.

Aber nicht jedes Fahrzeug hat alle drei Geräte.

Wie weiß der Pilot, wie weit er geflogen ist? Der Pilot hat – in Form eines Staudruckmessers – einen „Tachometer" und selbstverständlich eine Uhr. Die Kunst ist nun, aus der bekannten Geschwindigkeitsfunktion $v(t) = s'(t)$ die unbekannte Wegfunktion $s(t)$ zu berechnen. Wir kennen die differenzierte Funktion, brauchen aber die Originalfunktion. Wir müssen also das Differenzieren umkehren.

Dazu einige nützliche Begriffe:

Diese Umkehrung des Differenzierens hat einen (Respekt einflößenden) Namen – **Integrieren** – und ein (gefürchtetes) Symbol – das **Integralzeichen**.

Erste Schritte in der Integralrechnung | 14

Die Formel $s(t) = \int v(t)\, dt$ bedeutet mathematisch dasselbe wie $v(t) = s'(t)$. Der Unterschied liegt in der Formulierung, die ausdrückt, dass im ersten Fall $v(t)$ als bekannt und $s(t)$ als unbekannt angesehen wird. In der zweiten Formel tauschen die Funktionen die Rollen.

Eine Funktion $v(t)$ zu integrieren, heißt also, jene Funktion $s(t)$ zu suchen, deren Ableitung $s'(t)$ gleich $v(t)$ ist.

Die Funktion hinter dem Integralzeichen heißt **Integrand** – in unserem Fall ist das $v(t)$.

Noch deutlicher sehen wir, dass Differenzieren und Integrieren zueinander invers sind, wenn wir statt $v(t)$ wieder $s'(t)$ schreiben:

$$s(t) = \int s'(t)\, dt$$

Differenzieren wir die Gleichung, so wird vollends klar, dass sich die beiden Operationen – Differenzieren und Integrieren – gegenseitig aufheben:

$$s'(t) = \left(\int s'(t)\, dt \right)'$$

Differenzieren eines Integrals ergibt den Integranden.

119

II | Integralrechnung

Der Kopfstand-Klon FO-TRA unseres Gehilfen TRA-FO zeigt, dass die Integration die Umkehrung der Differenziation darstellt.

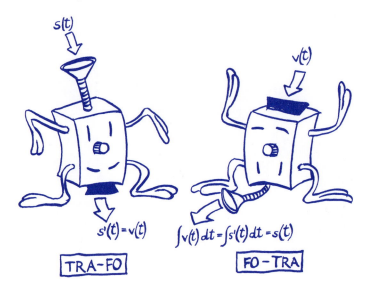

Hierzu ein Beispiel, das wir schon kennen. Wieder verwenden wir das Galilei'sche Fallgesetz, um dahinter zu kommen, wie man von der Geschwindigkeit

$$s'(t) = v(t) = 10 \cdot t$$

auf den Weg zurückschließen kann.

Wir müssen jene Funktion $s(t)$ suchen, die differenziert $s'(t) = 10 \cdot t$ ergibt. Nichts anderes will das folgende Integral besagen:

$$s(t) = \int 10 \cdot t \, dt$$

In diesem Fall haben wir aus dem Teil Differenzialrechnung genügend Vorkenntnisse und wissen, dass $s'(t) = (5 \cdot t^2)' = 10 \cdot t$ ergibt und daher gilt:

$$s(t) = \int 10 \cdot t \, dt = 5 \cdot t^2$$

Erste Schritte in der Integralrechnung | 14

Die Integrationskonstante – unbestimmtes Integral

Eines haben wir beim Integrieren noch nicht bedacht:

Alles, was beim Differenzieren in das „schwarze Loch" gefallen ist – also alles, was null ergeben hat, kann bei der Umkehrung nicht wieder auftauchen.

Zum Glück sind das – wie wir wissen – nur die additiven Konstanten c (konstante Summanden).

121

Eigentlich hätten wir also – mit einer völlig unbestimmten Konstanten k – schreiben müssen

$$s(t) = \int 10 \cdot t \, dt = 5 \cdot t^2 + k$$

denn auch hier ist $s'(t) = 10 \cdot t$.

Tra-Fo lässt eine Konstante c, die einen festen Wert hat, erschwinden. Fo-Tra kennt c nicht; er kann nur sagen, dass eine unbekannte Konstante fehlt. Um nicht zu verwirren, nennt er sie nicht wieder c, sondern k.

Diese Konstante k heißt **Integrationskonstante** und ist am Beispiel des Fallgesetzes leicht zu deuten.

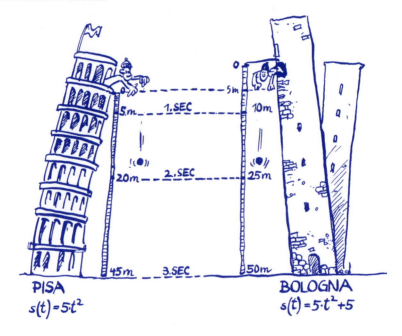

Sie ist nur dann null, wenn Galileis Maßband, das die Wege $s(t)$ misst, genau dort den Nullpunkt hat, wo er den Stein fallen lässt. Hätte er den Versuch in Bologna gemacht, wo er den Anfang des Maßbands 5 m höher hätte befestigen müssen, so müssten zu jeder durchfallenen Strecke konstant 5 m dazugezählt werden. Diese Konstante kann nur durch eine **Anfangsbedingung** bestimmt werden, die durch den Ausgangspunkt der Messung festgelegt wird.

$5 \cdot t^2 + k$ heißt **Integral** – genauer **unbestimmtes Integral** – von $10 \cdot t$. Jede spezielle Wahl von k, also z.B. $5 \cdot t^2 + 0 = 5 \cdot t^2$ oder $5 \cdot t^2 + 5$ ergibt eine mögliche **Stammfunktion** von $10 \cdot t$.

Der Zusammenhang mit Flächen

Das Differenzieren der Wegfunktion $s(t)$ hat die Momentangeschwindigkeit $s'(t) = v(t)$ geliefert. Unabhängig davon hat sich die geometrische Deutung der Ableitung der Wegfunktion $s(t)$ als Steigung der Tangente $s'(t)$ interpretieren lassen.

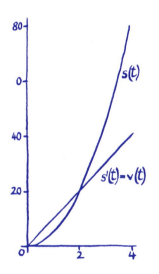

Gibt es auch für das Integral eine geometrische Deutung?

Anhand der Graphen der beiden Funktionen ist jedenfalls kein offensichtlicher Zusammenhang zu erkennen – und doch gibt es ihn!

Unser Flugzeug, das nur die Geschwindigkeit und die Zeit messen kann, nicht aber den zurückgelegten Weg, kann auch diesen Zusammenhang klären.

Dr. Know hat einen Auftrag. Er soll mit seiner Cessna jemanden nach Hause fliegen. Als gewissenhafter Pilot plant er seinen Flug genau; Igor und Mathe Haari helfen dabei. Die Reisegeschwindigkeit der Cessna beträgt 200 km/h. Dr. Know tankt für einen eineinhalbstündigen Flug.

Die Cessna kann mit einer gleichmäßigen Geschwindigkeit von $v = 200$ km/h fliegen. Daher sind der zurückzulegende Weg s mit $v = 200$ km/h und $t = 1{,}5$ h über die folgende Formel verknüpft:

$$s = v \cdot t$$

II | Integralrechnung

Dr. Know hat also Treibstoff für 300 km. Das entspricht ziemlich genau der geplanten Flugstrecke.

Erste Schritte in der Integralrechnung | 14

Wenn wir in einem Diagramm die Geschwindigkeiten gegen die Zeiten auftragen, können wir den jeweiligen Weg s als „Fläche" v·t ablesen. Die Berechnung sieht dann so aus: 200 [km/h]·1,5 [h] = 300 [km].

Die „Fläche" ist also in unserem Fall dimensionsmäßig ein Weg in km gemessen.

II | Integralrechnung

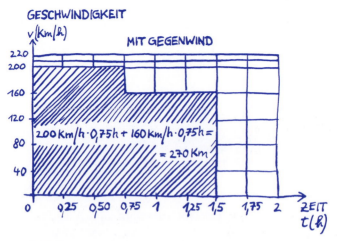

Mit **Gegenwind** fliegt er 0,75 h mit 200 km/h. Die Fläche ist

0,75 h · 200 km/h = 150 km.

Dann bremst ihn der Wind auf 160 km/h über Grund. Damit macht er

0,75 h · 160 km/h = 120 km.

Er kommt also insgesamt 270 km weit. 30 km fehlen bis zum Ziel. Der zurückgelegte Weg $s(t)$ ist also immer genau die Fläche zwischen Zeitachse und dem Graphen der Geschwindigkeitsfunktion $v(t)$.

Nun kommt der eigentliche **Clou:** Wir wissen bereits, dass $s(t) = \int v(t)\,dt$ gilt.

Das heißt, das Integral muss etwas mit Flächen zu tun haben. Man kann offenbar mit dem Integral die Fläche zwischen der t-Achse und der Geschwindigkeitsfunktion $v(t)$ berechnen.

Nehmen wir wieder das Beispiel des freien Falls, das wir bereits gut kennen.

Hier ist $v(t) = 10 \cdot t$. Das ist eine Gerade durch $(0, 0)$ mit der Steigung 10, und für das Integral von $v(t)$ gilt, wie wir bereits wissen:

$$s(t) = \int v(t)\,dt = \int 10 \cdot t\,dt = 5 \cdot t^2$$

Wenn unsere Theorie stimmt, müsste die Wegfunktion $s(t)$ an der Stelle $t = 3$ dasselbe ergeben wie die Fläche unter der Geschwindigkeitskurve $v(t) = s'(t)$ von $t = 0$ bis $t = 3$. Beides bedeutet den Weg, der in den ersten drei Sekunden zurückgelegt wurde.

Einmal gilt: $s(3) = 5 \cdot 3^2 = 45$ m.

Zum anderen ist die Fläche unter der Geschwindigkeitskurve $v(t)$ ein rechtwinkliges Dreieck mit den Katheten 3 sec auf der Zeitachse und 30 m/sec auf der Geschwindigkeitsachse. Die Hälfte ihres Produkts 3 sec · 30 m/sec – also die Fläche des Dreiecks – ist ebenfalls 45 m, also wieder $s(3)$.

So ganz stimmt die Sache noch nicht, denn erstens haben wir die Integrationskonstante k nicht berücksichtigt und zweitens muss ein Weg einen Anfang und ein Ende haben. Er wird also nicht durch einen Endpunkt ($t = 3$), sondern durch zwei Zeitpunkte bestimmt. Wir haben stillschweigend angenommen, dass der Anfangspunkt mit $t = 0$ und $s = 0$ gegeben ist.

Das ist aber nicht immer so.

Wenn wir zum Beispiel den Weg wissen wollen, den der Stein zwischen der ersten und dritten Sekunde zurücklegt, dann können wir das einmal mit den Flächen unter der Geschwindigkeitsfunktion $s'(t)$ versuchen. Wir müssen nur von der eben berechneten Dreiecksfläche von $t = 0$ bis $t = 3$ das kleine Dreieck von $t = 0$ bis $t = 1$, das ist der Weg in der ersten Sekunde, subtrahieren:

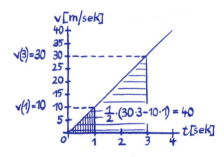

$$\tfrac{1}{2} \cdot (3 \text{ sec} \cdot 30 \text{ m/sec} - 1 \text{ sec} \cdot 10 \text{ m/sec}) = 40 \text{ m}$$

Erste Schritte in der Integralrechnung | 14

Dasselbe Ergebnis muss das Integral

$$s(t) = \int v(t)dt = \int 10 \cdot t\, dt = 5 \cdot t^2 + k$$

erzeugen:

$s(3) - s(1) =$
$5 \cdot 3^2 + k - (5 \cdot 1^2 + k) = 40$ m

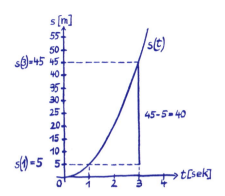

Dafür hat sich eine eigene Schreibweise eingebürgert: Das Integral wird mit einer **oberen Grenze** (3) und einer **unteren Grenze** (1) versehen und heißt **bestimmtes Integral**. Die Berechnung der Fläche läuft dann in zwei Schritten ab. Zuerst wird das unbestimmte Integral ($5 \cdot t^2 + k$) gebildet, anschließend werden die Grenzen eingesetzt und die Ergebnisse subtrahiert.

Die Rechnung zeigt, dass die Integrationskonstante bei einem bestimmten Integral unterdrückt werden darf, weil sie sich bei der Differenzbildung immer aufhebt.

II | Integralrechnung

Im bisher betrachteten Beispiel haben wir die üblichen Bezeichnungen t, s und v für die Zeit, den Weg und die Geschwindigkeit verwendet. Jetzt kehren wir zu den abstrakten, mathematischen Symbolen x und $f(x)$ zurück.

An einfachen Beispielen konnten wir bestätigen, dass zwischen der Fläche unter einer so genannten **Randkurve** $f(x)$ und ihrem Integral

$$F(x) = \int f(x)dx$$

als Umkehrung der Differenziation ein enger Zusammenhang besteht.

Dass dieser Zusammenhang auch für beliebige Funktionen $f(x)$ existiert, wird jetzt allgemein gezeigt.

Erste Schritte in der Integralrechnung | 14

Ausgangspunkt ist eine durch a und b begrenzte Randkurve $y = f(x)$. Dazwischen wählen wir einen variablen Punkt x. Die Funktion $F(x)$ soll den Flächeninhalt unter der Randkurve $f(x)$ von der Untergrenze a bis x darstellen **(Flächenfunktion)**. Nun wollen wir die Fläche unterhalb der Kurve $f(x)$ um $dF(x)$ vergrößern, indem wir in x-Richtung um dx weitergehen.

Die kritische Stelle, durch unsere Super-Mega-Lupe betrachtet, zeigt, dass der **Flächenzuwachs $dF(x)$** von zwei Rechtecken begrenzt wird:

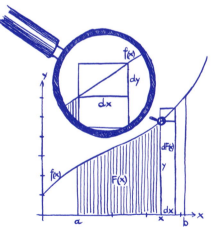

$$y \cdot dx \leq dF(x) \leq (y + dy) \cdot dx \quad \text{oder}$$

$$y \leq \frac{dF(x)}{dx} \leq y + dy$$

131

II | Integralrechnung

Wenn nun $f(x)$ nicht gerade seltsame Dinge im betrachteten Bereich treibt (Sprünge, Unendlichkeitsstellen etc.), dann geht mit dx auch dy gegen null und es gilt:

$$y \le \frac{dF(x)}{dx} \le y$$

Nun ist $\frac{dF(x)}{dx} = F'(x)$ einmal größer oder gleich y, einmal kleiner oder gleich y.

Das kann nur bedeuten, dass $F'(x)$ gleich y, also gleich der Randkurve $f(x)$ ist.

KURZUM:
ICH RECHNE ETWAS AUS,
WAS EIN BISSCHEN GRÖSSER IST ALS DAS,
WAS ICH SUCHE UND DANN RECHNE
ICH ETWAS AUS, WAS EIN BISSCHEN
KLEINER IST ALS DAS, WAS ICH SUCHE.
GRENZWERTIG KOMMT DASSELBE 'RAUS.

Die Ableitung der Flächenfunktion $F'(x)$ ist die Randkurve $f(x)$ oder umgekehrt:

Eine Stammfunktion $F(x)$ von $f(x)$, also

$$F(x) = \int f(x)dx,$$

liefert die Flächenfunktion zur Randkurve $f(x)$.

Damit wir die Fläche von a bis x tatsächlich berechnen können, müssen wir noch zwei Punkte berücksichtigen.

Die Stammfunktion enthält eine beliebige Integrationskonstante. Sie lautet also:

$$F(x) + k.$$

Wenn wir $x = a$ wählen, muss sich für die Fläche null ergeben, weil dann gar keine Fläche vorliegt. Das heißt:

$$F(a) + k = 0, \text{ also } k = -F(a).$$

Erste Schritte in der Integralrechnung | 14

Die Fläche von a bis x ist daher durch $F(x) - F(a)$ bestimmt. Die Fläche von a bis b berechnet sich – in Übereinstimmung mit den früheren Ergebnissen – durch $F(b) - F(a)$.

Der Flächenzuwachs $dF = f(x){\cdot}dx$ heißt **Flächendifferential**, weil $f(x)$ die Ableitung von $F(x)$ ist.

Zusammenfassung:

Für das unbestimmte Integral gilt:

$F'(x) = f(x)$ bedeutet dasselbe wie $F(x) = \int f(x)dx$.

$F(x)$ ist eine Funktion von x und sie heißt Stammfunktion von $f(x)$.

           ist bis auf eine Konstante k eindeutig bestimmt.

           Für jeden Wert von k ergibt sich eine spezielle Stammfunktion; die Menge aller Stammfunktionen von $f(x)$ nennt man unbestimmtes Integral von $f(x)$.

Für das bestimmte Integral gilt:

$$\int_a^b f(x)dx = F(x)\Big|_a^b = F(b) - F(a)$$

           Das bestimmte Integral ist eine Zahl, die den Flächeninhalt unter der Funktion $f(x)$ zwischen den Grenzen a und b angibt. Und zwar ist die Zahl jene Fläche, die zwischen der x-Achse und dem Graphen von $f(x)$ liegt. Links und rechts wird die Fläche von den Ordinaten in a (untere Grenze) und b (obere Grenze) begrenzt.

133

Numerische Integration
Wie Mathe Kriminalfälle löst

Auf dem Tiroler Streckenteil über den Arlbergpass hat sich ein Unfall mit Fahrerflucht ereignet. Verdächtigt wird der Fahrer eines Holztransporters der Firma Holzweg. Er soll eine Kurve so geschnitten haben, dass sich ein entgegenkommender PKW nur noch in den Graben retten konnte. Der Sachschaden ist beträchtlich. Hinter der Passstrecke – 52 km vom Sägewerk entfernt – wird der Laster an einer Kontrollstelle gestoppt.

Dr. Know kennt sich aus mit den physikalischen Zusammenhängen zwischen Weg, Zeit und Geschwindigkeit. Er bekommt von seinem Bruder den Fahrtenschreiber. Der funktioniert wie ein schreibender Tachometer. Dabei entsteht eine Geschwindigkeits-Zeit-Kurve. Er muss nur die Fläche unter der Geschwindigkeitsfunktion $v(t)$ bestimmen und schon hat er die zurückgelegte Wegstrecke. Das kennen wir schon.

II | Integralrechnung

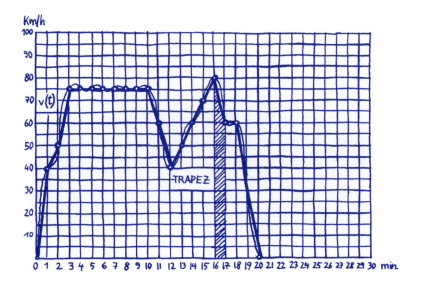

Nur liegt hier die Funktion *v*(*t*) in gezeichneter Form vor, daher können wir kein Integral bilden.

Numerische Integration

Dr. Know folgt dem Rat von Mathe Haari. Er markiert im Graphen die Geschwindigkeiten von Minute zu Minute (1/60 Stunde) und denkt sich diese Werte durch Geradenstücke verbunden. Im Allgemeinen bilden die Flächen unter diesen Geradenstücken hochkant gestellte, unten rechtwinklige Trapeze, deren Summe angenähert die „Originalfläche", also den Gesamtweg s ergibt.

Die Fläche eines Trapezes ist identisch mit der Fläche eines Rechtecks mit der Länge m und der Breite h. Die Mittellinie m ist das arithmetische Mittel der beiden Parallelseiten a und c.

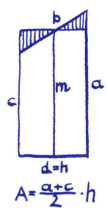

$d = h$

$A = \dfrac{a+c}{2} \cdot h$

Die Breiten h der Trapeze sind mit 1 min = 1/60 h alle gleich. Die Parallelseiten sind laut Diagramm $v(0) = 0$, $v(1) = 40$, $v(2) = 50$, ...

Dr. Know zählt alle Trapezflächen zusammen.

$$A = s = \frac{1}{60} \cdot \left(\frac{0+40}{2} + \frac{40+50}{2} + \frac{50+75}{2} + 7 \cdot \frac{75+75}{2} + \ldots + \frac{60+0}{2} \right) = 39$$

Diese ca. 39 km lange Fahrstrecke entspricht den 12 Kilometern durch den Tunnel zusammen mit den 27 Kilometern, die er vor und hinter dem Tunnel zurücklegen musste. Dr. Know schließt beinhart: Dieser Fahrer kann nicht die 52 km lange Strecke über den Pass gefahren sein. So kann Mathematik auch helfen, Verdächtige zu entlasten.

Dass Fahrtenschreiber nicht rechteckige, sondern runde Blätter bekritzeln, ändert nichts an der Richtigkeit dieses Verfahrens, solange wir die Zeitintervalle und die Geschwindigkeiten ablesen und sie nicht aus dieser nicht maßstäblichen Darstellung herauszumessen versuchen.

II Integralrechnung

Abgesehen vom kriminalistischen Gehalt dieser Methode, ist sie ganz generell brauchbar, um **Flächen unter einer beliebigen Randfunktion $f(x)$** und damit das bestimmte Integral näherungsweise zu berechnen, wenn wir z.B. keine Stammfunktion finden können.

Der Unterschied ist nur, dass wir die Funktionswerte nicht – wie im Beispiel – ablesen müssen, sondern aus der Randfunktion $f(x)$ berechnen können.

Wenn wir z.B.

$$\int_a^b f(x)\,dx$$

berechnen wollen, teilen wir das Intervall a, b in n (der Einfachheit halber) gleiche Teile der Länge $\Delta x = \frac{b-a}{n}$. Die aneinandergereihten Trapeze haben die Parallelseiten

$$f(a), f(a + \Delta x), f(a + 2\cdot\Delta x), \dots$$

Ihre Flächen sind

$$\Delta x \cdot \frac{f(a)+f(a+\Delta x)}{2},\ \Delta x \cdot \frac{f(a+\Delta x)+f(a+2\cdot\Delta x)}{2},\ \dots$$

Zählt man sie zusammen und ordnet ein wenig um, so ergibt sich mit der **Trapezformel** ein Näherungswert für die Fläche.

$$\int_a^b f(x)dx \approx \frac{\Delta x}{2} \cdot \begin{pmatrix} f(a) + 2 \cdot f(a + \Delta x) + 2 \cdot f(a + 2 \cdot \Delta x) + ... \\ + 2 \cdot f(a + (n-1) \cdot \Delta x) + f(a + n \cdot \Delta x) \end{pmatrix}$$

Für das Demonstrationsbeispiel

$$f(x) = x^2, \Delta x = 1, a = 0 \text{ und } b = 4$$

gilt etwa:

$$\int_0^4 x^2 dx \approx \frac{1}{2} \cdot (0 + 2 \cdot 1 + 2 \cdot 4 + 2 \cdot 9 + 16) = 22$$

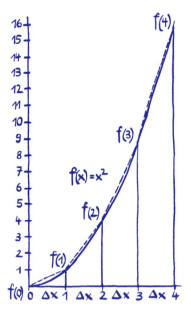

Da so eine Schätzformel ohne Genauigkeitsangabe gar nichts nützt, brauchen wir eine **Fehlerabschätzung:**

Der Fehlbetrag ist (ohne Beweis) maximal

$$\frac{(b-a)^3}{12 \cdot n^2} \cdot \max|f''(x)|_{x \in [a,b]}$$

Im Beispiel ist $f''(x) = 2$, daher beträgt die Maximalabweichung

$$\frac{4^3}{12 \cdot 4^2} \cdot 2 = \frac{2}{3} = 0{,}667$$

Der Wert des Integrals bewegt sich zwischen 21,333 und 22,667.

Der wahre Wert – den wir in diesem Demonstrationsbeispiel leicht ermitteln können – beträgt:

$$\int_0^4 x^2 dx = \frac{x^3}{3}\bigg|_0^4 = \frac{64}{3} = 21{,}333$$

Der Fehlbetrag von 0,667 lässt sich nur dadurch verringern, dass wir Δx immer kleiner und kleiner machen.

II | Integralrechnung

Letztendlich gilt für den Grenzwert dieser Flächensumme, wenn die Funktion im Intervall a, b keine bösartigen Dinge wie Pole etc. hat:

$$\int_a^b f(x)dx = \lim_{\Delta x \to 0} \frac{\Delta x}{2} \cdot \begin{pmatrix} f(a) + 2 \cdot f(a+\Delta x) + 2 \cdot f(a+2 \cdot \Delta x) + ... \\ ... + 2 \cdot f(a+(n-1) \cdot \Delta x) + f(a + n \cdot \Delta x) \end{pmatrix}$$

$$\int_a^b f(x)dx = \lim_{\Delta x \to 0} \Delta x \cdot (f(a) + f(a+\Delta x) + f(a + 2 \cdot \Delta x) + ... + f(a+(n-1) \cdot \Delta x))$$

Einfache Integrationen
Wie ein Kopfstand Probleme löst

Einfache Regeln

Der Kriminalfall musste durch numerische Integration gelöst werden, weil die Funktion nur in gezeichneter Form vorlag. Wenn die Funktion mathematisch beschrieben vorliegt, kann sich die Flächenberechnung wesentlich vereinfachen:

Das Grundproblem bei der Berechnung von **krummlinig begrenzten Flächen** besteht darin, eine **Stammfunktion** (unbestimmtes Integral) der Randkurve zu finden.

Da das Integrieren die Umkehrung des Differenzierens darstellt, kann man versuchen, die Differenziationsregeln „verkehrt herum" zu denken.

Ein Beispiel soll das zeigen.

II | Integralrechnung

Der Bahnhof Flimsbüttel, der an einer schnurgeraden Bahnstrecke liegt, soll einen neuen Bahnsteig bekommen. 300 Meter vor Beginn des neuen Bahnsteigs soll die abzweigende Weiche liegen. Die Gleismitten haben im Bahnhof einen Abstand von 10 Metern. Im Bahnhof selbst läuft das neue Gleis 1000 m parallel zum vorhandenen Gleis, um dann nach weiteren 300 m wieder symmetrisch in das Hauptgleis einzumünden. Die Planung ist perfekt. Die Gleismittenkurve für den gebogenen Teil wurde im Abschnitt „Differenzialrechnung" zu $f(x) = -\frac{1}{1350000} \cdot x^3 + \frac{1}{3000} \cdot x^2$ *ermittelt.*

Offen ist, in welcher Höhe man dem Bauern den Teil des verlorenen Feldes vergütet. Man einigt sich, dass die verlorene Fläche ziemlich genau der Fläche zwischen den Gleismitten entspricht. Für diese Fläche soll er eine Abfindung erhalten.

Wie groß ist sie?

Die abzugeltende Fläche setzt sich zusammen aus dem rechteckigen Teil mit 10·1000 m² und zwei gleich großen krummlinig durch $f(x)$ begrenzten Anteilen mit der Fläche 2·A.

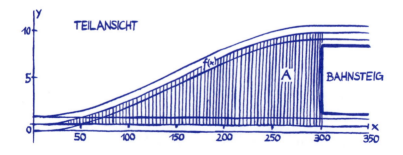

Die Kunst ist also, A zu berechnen. Nun muss das bestimmte Integral herhalten. Da die beiden Achsen auf Meter geeicht sind, ist das Ergebnis als Produkt der Achsendimensionen diesmal wirklich eine Fläche in m².

Einfache Integrationen | 16

Wie aber sollen wir das folgende Integral auswerten?

$$A = \int_0^{300} f(x)dx = \int_0^{300} (-\tfrac{1}{1350000} \cdot x^3 + \tfrac{1}{3000} \cdot x^2)dx$$

Wir wissen, dass wir zuerst eine Stammfunktion suchen müssen.

$$F(x) = \int (-\tfrac{1}{1350000} \cdot x^3 + \tfrac{1}{3000} \cdot x^2)dx$$

Wir wollen also jene Funktion bestimmen, für deren Ableitung Folgendes gilt:

$$-\tfrac{1}{1350000} \cdot x^3 + \tfrac{1}{3000} \cdot x^2$$

Die **Ableitung einer Summe** ist wieder eine Summe; das könnte auch beim Integrieren als Umkehrung des Differenzierens so sein. Aus x^4 entsteht durch Differenzieren im Wesentlichen x^3, aus x^3 entsteht x^2.

143

Wenn wir all diese Vermutungen zusammenfassen, erscheint der Ansatz

$a \cdot x^4 + b \cdot x^3$

für die Stammfunktion sinnvoll. Seine Ableitung ergibt den Ausdruck

$a \cdot 4 \cdot x^3 + b \cdot 3 \cdot x^2$,

der unserer Funktion

$-\frac{1}{1350000} \cdot x^3 + \frac{1}{3000} \cdot x^2$

sehr ähnlich ist. Durch geeignete Wahl von a und b können wir Gleichheit herstellen.

Es ergeben sich also zwei Gleichungen für a und b:

$4 \cdot a = -\frac{1}{1350000}$ oder $a = -\frac{1}{5400000}$

$3 \cdot b = \frac{1}{3000}$ oder $b = \frac{1}{9000}$

Damit ist das unbestimmte Integral gefunden:

$\int (-\frac{1}{1350000} \cdot x^3 + \frac{1}{3000} \cdot x^2) dx =$
$= -\frac{1}{5400000} \cdot x^4 + \frac{1}{9000} \cdot x^3 + k$

Einfache Integrationen | 16

Nun lässt sich das bestimmte Integral leicht berechnen:

$$A = \int_0^{300} (-\tfrac{1}{1350000} \cdot x^3 + \tfrac{1}{3000} \cdot x^2) dx =$$

$$= -\tfrac{1}{5400000} \cdot x^4 + \tfrac{1}{9000} \cdot x^3 \Big|_0^{300} =$$

$$= -\tfrac{1}{5400000} \cdot 300^4 + \tfrac{1}{9000} \cdot 300^3 - 0 = 1499{,}88 \approx 1500$$

Die Fläche, die abgegolten werden muss, beträgt insgesamt

10000 + 2·1500 = 13000 m².

Unser eher unbeholfener Ansatz legt nahe, dass durch Umkehren der entsprechenden Differenziationsregeln folgende Integrationsregeln gewonnen werden können:

 Summenregel $\quad \int (f(x) + g(x)) dx = \int f(x) dx + \int g(x) dx$

 Regel für den konstanten Faktor $\quad \int k \cdot f(x) dx = k \cdot \int f(x) dx$

 Potenzregel $\quad \int x^n dx = \dfrac{x^{n+1}}{n+1} + k \quad$ für $n \neq -1$

Aufgrund der Tatsache, dass sich Differenzieren und Integrieren gegenseitig aufheben, also

$$(\int f(x) dx)' = f(x)$$

gilt, können wir – als Beweis für die jeweilige Formel – zeigen, dass die linke und die rechte Seite bei Differenziation das Gleiche ergeben.

Nehmen wir uns die Potenzregel vor. Die beiden anderen Regeln zeigt man auf die gleiche Art.

$$(\int x^n dx)' = x^n \quad \text{und}$$

$$\left(\dfrac{x^{n+1}}{n+1} + k \right)' = \dfrac{(n+1) \cdot x^n}{n+1} + 0 = x^n$$

Dass die Potenzregel für $n = -1$ nicht gelten kann, erkennt man daran, dass der Nenner null würde. Das heißt aber nicht, dass es das Integral nicht gibt.

II | Integralrechnung

Wir wissen ja aus der Differenzialrechnung, dass Folgendes gilt:

$(\ln(x) + k)' = (\ln(x))' + 0 = x^{-1}$

$\int x^{-1} dx = \int \frac{1}{x} dx = \ln(x) + k$

Da die Integrationsregeln offensichtlich durch den Versuch entstehen, die Differenziationsregeln umzukehren, können wir sofort Folgendes feststellen:

$\int \cos(x) dx = \sin(x) + k$,

weil $(\sin(x) + k)' = \cos(x)$ ist.

$\int \sin(x) dx = -\cos(x) + k$,

weil $(-\cos(x) + k)' = -(\cos(x))' = -(-\sin(x)) = \sin(x)$ ist.

$\int e^x dx = e^x + k$,

weil wir schon wissen, dass sich die Exponentialfunktion beim Differenzieren reproduziert.

Integrale, die durch Umkehren von Differenziationsregeln für spezielle Funktionen entstehen, nennt man **Grundintegrale**. Die Regeln, die aus der Umkehrung der Differenziation von Verknüpfungen von Funktionen (Summenregel, Regel für den konstanten Faktor) entstehen, nennt man **allgemeine Integrationsregeln**.

Die Kunst des Integrierens besteht darin, diese Regeln so lange und so geschickt zu kombinieren, dass letztlich nur noch Grundintegrale übrig bleiben. In unserem Beispiel hätte das wie folgt ausgesehen:

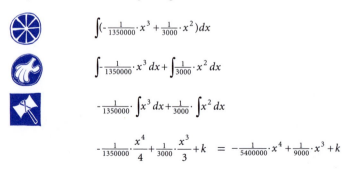

Das entspricht genau dem früheren Ergebnis für das unbestimmte Integral.

Einfache Integrationen | 16

Orientierte Flächen

Wenn wir die Fläche unter einer Sinuskurve von 0 bis 2·π mittels des bestimmten Integrals berechnen wollen, zeigt sich Erstaunliches.

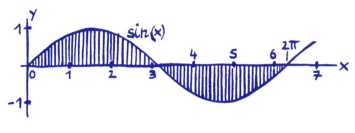

$$\int_0^{2\cdot\pi} \sin(x)\,dx = -\cos(x)\Big|_0^{2\cdot\pi} = -\cos(2\cdot\pi)-(-\cos(0)) = -1-(-1) = 0$$

147

Nun wissen wir doch alle, dass die Sinuskurve mit der *x*-Achse eine Fläche einschließt, die nicht verschwindet!

Des **Rätsels Lösung:** Das bestimmte Integral liefert nicht einfach eine Fläche, sondern eine Fläche mit Vorzeichen – eine so genannte **orientierte Fläche**. Die Orientierung lässt sich leicht bestimmen.

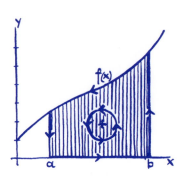

Gehe längs der *x*-Achse von der unteren Grenze a zur oberen Grenze b und in dieser Orientierung um die ganze Fläche herum. Liegt die Fläche immer linker Hand (gegen den Uhrzeigersinn), dann ist das der mathematisch positive Umlaufsinn. Liegt die Fläche rechts, dann erscheint sie als negative Zahl.

Schneidet die Funktion *f(x)* zwischen *a* und *b* die *x*-Achse, so dreht sich die Orientierung um; die Flächen subtrahieren sich! Das bestimmte Integral liefert die algebraische Summe (Summe oder Differenz, je nach Vorzeichen) der Teilflächen.

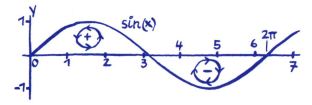

Eine unmittelbare Folgerung aus dieser Orientierungsregel ist die Regel, dass das Integral das Vorzeichen wechselt, wenn man die Grenzen vertauscht:

$$\int_a^b f(x)\,dx = -\int_b^a f(x)\,dx$$

Einfache Integrationen | 16

Nun können wir die **Sinusflächen**, die Dr. Know real gesehen hat, berechnen. Wir müssen die Etappenziele nur in den richtigen Punkten – in unserem Beispiel bei π und $2\cdot\pi$ – setzen und dann die Beträge der Etappenergebnisse addieren.

Berechnen wir zunächst folgendes Integral:

$$\int_0^\pi \sin(x)\,dx = -\cos(x)\Big|_0^\pi = -\cos(\pi) - (-\cos(0)) = -(-1) - (-1) = 2$$

Damit erhalten wir für die gesuchte Fläche:

$$A = \left| \int_0^\pi \sin(x)\,dx \right| + \left| \int_\pi^{2\cdot\pi} \sin(x)\,dx \right| = 2 \cdot \left| \int_0^\pi \sin(x)\,dx \right| = 2 \cdot 2 = 4$$

Zusammenfassung:

	Summenregel	$\int (f(x) + g(x))\,dx = \int f(x)\,dx + \int g(x)\,dx$
	Regel für den konstanten Faktor	$\int k \cdot f(x)\,dx = k \cdot \int f(x)\,dx$
	Potenzregel	$\int x^n\,dx = \begin{cases} \dfrac{x^{n+1}}{n+1} + k & \text{für } n \neq -1 \\ \ln(x) + k & \text{für } n = -1 \end{cases}$
	Cosinus	$\int \cos(x)\,dx = \sin(x) + k$
	Sinus	$\int \sin(x)\,dx = -\cos(x) + k$
	Exponentialfunktion	$\int e^x\,dx = e^x + k$

149

Das Volumen von Drehkörpern
Was sich dreht, integriert sich scheibchenweise

Eine Drehbank stellt Körper her, die durch Drehung entstehen. Der Drechsler arbeitet an der Oberfläche des Drehteils eigentlich nur eine Kurve $y(x)$ heraus, die die Form des Teils festlegt. Diese Kurve sieht man im Schattenriss des Drehteils sehr gut.

Abstrakt kann man sagen, dass die Rotation dieser Kurve – der **Meridiankurve** – um beispielsweise die x-Achse den Drehkörper erzeugt.

Da es uns schon gelungen ist, den Inhalt krummlinig begrenzter Flächen zu bestimmen, sollte es auch möglich sein, das Volumen krummlinig begrenzter Körper zu berechnen.

II | Integralrechnung

Wir zerschneiden den Drehkörper in kleine Scheiben. Streng genommen sind diese Scheiben am Rand durch ein Bogenstück begrenzt. Je dünner wir schneiden, desto ähnlicher werden sie Zylindern. Hier benötigen wir wieder das Supermikroskop, das auch schon bei der Flächenberechnung zum Einsatz kam. Dann können wir diese zylindrischen Scheibchen als **Volumendifferenziale** auffassen. Der Radius dieser Zylinderscheiben wird durch die Funktion $y(x)$ beschrieben. Die Höhe dieser Scheiben beträgt dx.

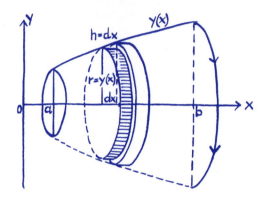

Nach der Volumenformel für Zylinder ($V = r^2 \cdot \pi \cdot h$) ergibt sich:

$$dV = (y(x))^2 \cdot \pi \cdot dx$$

Wir erinnern uns an die Flächenberechnung. Der Clou dabei war, dass wir den Flächenzuwachs dF – das Flächendifferenzial – als $dF = f(x) \cdot dx$ durch die Randkurve $f(x)$ ausgedrückt haben. Das Integral über dieses Flächendifferenzial zwischen den Grenzen a und b ergab die Fläche:

$$F = \int_a^b dF = \int_a^b f(x) dx$$

Nun ist es uns gelungen das Volumendifferenzial dV darzustellen.

Das Integral über dieses Volumendifferenzial ergibt nun auf ähnliche Weise das Volumen bei Rotation der Kurve $y(x)$ um die x-Achse.

$$V_x = \pi \cdot \int_a^b (y(x))^2 dx$$

Das Volumen von Drehkörpern | 17

Natürlich könnte man diese Meridiankurve auch um die y-Achse rotieren lassen. Auch dabei entsteht ein Körper. Sein Volumen kann ähnlich berechnet werden, denn dabei tauschen ja nur x und y die Rollen. Daher lautet die Volumenformel in diesem Fall:

$$V_y = \pi \cdot \int_c^d (x(y))^2 dy$$

Hier übernimmt y die Rolle, die normalerweise x hat, und umgekehrt. Das heißt, y ist die Variable, nach der integriert wird. Die Grenzen c und d beziehen sich dabei natürlich auf den Anfangs- bzw. Endwert auf der y-Achse.

Eine Fabrik, die Gläser für Gaststätten herstellt, will ein Schnapsglas pressen, in das die 2,5 cl- und 5 cl-Markierungen während des Pressvorgangs eingearbeitet werden sollen. Der Teil des Glases, der gefüllt wird, ist ein Rotationsparaboloid mit 5 cm Höhe und einer abschließenden kreisförmigen Öffnung von 6 cm Durchmesser.

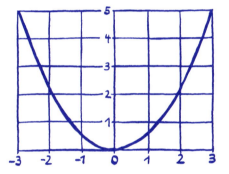

In welcher Höhe über dem Scheitel des Paraboloids sind die beiden Marken anzubringen?

Die Parabel legen wir uns natürlich wieder so bequem wie möglich in ein Koordinatensystem.

Die Achse der Parabel soll identisch sein mit der y-Achse und den Scheitel setzen wir in den Ursprung. In dieser Lage lautet die Parabelgleichung:

$$y(x) = a \cdot x^2$$

Da sie den Punkt (3; 5) enthalten muss, gilt:

$$5 = a \cdot 9$$

Die Parabel hat also die Gleichung:

$$y = \tfrac{5}{9} \cdot x^2$$

Jetzt lässt sich berechnen, in welcher Höhe z eine Marke anzubringen ist, wenn 2,5 cl = 25 cm³ eingefüllt werden sollen:

$$V_y = \pi \cdot \int_0^z x^2\, dy$$

Hier sind im Integral die Rollen von y und x vertauscht, es ist nach y zu integrieren. Wir müssen also x durch y ausdrücken. Da hilft uns die Gleichung der Parabel oben weiter:

$$y = \tfrac{5}{9} \cdot x^2 \text{; daraus folgt } x^2 = \tfrac{9}{5} \cdot y\,.$$

Wenn wir jetzt in das Integral einsetzen, ist es zu berechnen:

$$V_y = \pi \cdot \int_0^z x^2\, dy = \pi \cdot \int_0^z \tfrac{9}{5} \cdot y\, dy = \tfrac{9}{5} \cdot \pi \cdot \left.\tfrac{y^2}{2}\right|_0^z = \tfrac{9}{10} \cdot \pi \cdot z^2 = 25$$

Lösen wir diese Gleichung nach z auf, so ergibt sich für die 2,5 cl-Marke eine Höhe über dem Scheitel der Parabel von 2,974 cm.

Dieselbe Rechnung liefert die Gleichung für die 5 cl-Marke:

$$\tfrac{9}{10} \cdot \pi \cdot z^2 = 50$$

Die Marke liegt in einer Höhe von 4,205 cm.

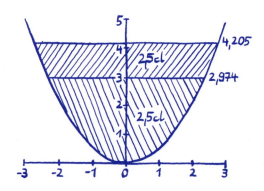

Substitution und partielle Integration
Aus der Trickkiste

Die Substitutionsregel

Mit den einfachen Integrationsregeln stößt man schnell an Grenzen. Es stellt sich die Frage, ob nicht andere Differenziationsregeln, wie die Produkt- oder die Kettenregel durch Umkehrung effizientere Integrationsregeln liefern könnten.

Mit keiner der bisherigen Regeln können wir z.B. das Integral
$$\int e^{-\frac{x}{3}} dx$$
auswerten, obwohl es gegenüber
$$\int e^x dx = e^x + k$$
nicht wesentlich komplizierter erscheint. Um eine Idee für die Auswertung von $\int e^{-\frac{x}{3}} dx$ zu bekommen, könnten wir es verkehrt herum versuchen.

$e^{-\frac{x}{3}}$ ergibt differenziert nach der Kettenregel

$$-\tfrac{1}{3} \cdot e^{-\frac{x}{3}}.$$

Den **störenden Faktor** $-\tfrac{1}{3}$ müssen wir beim Integrieren mit dem Kehrwert -3 kompensieren, damit sie sich kürzen. Tatsächlich ist die Ableitung von

$$f(x) = -3 \cdot e^{-\frac{x}{3}}$$

genau unser Integrand $f'(x) = e^{-\frac{x}{3}}$. Also gilt umgekehrt

$$\int f'(x)dx = \int e^{-\frac{x}{3}}dx = f(x) + k = -3 \cdot e^{-\frac{x}{3}} + k \text{.}$$

Nun haben wir zwar das Integral berechnet, allerdings eher durch Erraten als durch eine systematische Regel. Diese zu finden, ist das eigentliche Ziel.

Im Integranden von

$$\int e^{-\frac{x}{3}}dx$$

steht eine Verkettung der Funktionen

$$e^z \text{ mit } z = -\tfrac{1}{3} \cdot x.$$

Das erinnert an die Kettenregel der Differenziation. Wir wollen versuchen, diese umzudrehen.

Natürlich könnten wir im Integral für $-\tfrac{x}{3}$ einfach z setzen, es bleibt aber die Frage, wie man e^z nach x integrieren soll. Wie beim Differenzieren müssen wir berücksichtigen, dass das Ersetzen von $-\tfrac{x}{3}$ durch z eine **Maßstabsänderung** (Vergrößerung oder Verkleinerung) bewirkt, die sich aus der Formel

$$dz = z'(x) \cdot dx$$

ablesen lässt. $z'(x)$ bedeutete ja gerade den lokalen Vergrößerungsfaktor.

Aus der **Substitutionsgleichung**

$$z = -\tfrac{1}{3} \cdot x$$

folgt

$$dz = -\tfrac{1}{3} \cdot dx \text{.}$$

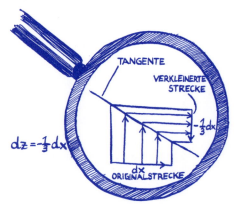

Beim Differenzieren verkleinert sich also z gegenüber x um den Faktor $-\frac{1}{3}$. Um das zu kompensieren, müsste sich beim Integrieren der Maßstab um den Kehrwert -3 vergrößern. Das sehen wir auch, wenn wir das Differenzial $dz = -\frac{1}{3} \cdot dx$ nach dem Differenzial dx auflösen: $dx = -3 \cdot dz$. Wenn wir alle diese Erkenntnisse in das Integral einbauen, haben wir einen systematischen Weg gefunden, in Integralen Substitutionen durchzuführen.

Zuerst substituieren wir

$$z = -\frac{1}{3} \cdot x.$$

Diese Gleichung differenzieren wir,

$$\frac{dz}{dx} = -\frac{1}{3},$$

und lösen sie nach dx auf

$$dx = -3 \cdot dz.$$

Damit drücken wir im Integral alles durch z und dz aus:

$$\int e^{-\frac{x}{3}} \, dx = \int e^z \, dx = \int e^z \cdot (-3 \cdot dz) = -3 \cdot \int e^z \, dz = -3 \cdot e^z + k = -3 \cdot e^{-\frac{x}{3}} + k$$

Nachdem das unbestimmte Integral (in z) gefunden ist, dürfen wir natürlich nicht vergessen, die **Rücksubstitution** durchzuführen, also z wieder durch x zu ersetzen.

Da diese Integrationsmethode, die auf der Umkehrung der Kettenregel beruht, von der Substitution eines geeigneten Ausdrucks lebt, heißt sie **Substitutionsregel**.

II | Integralrechnung

Wir kümmern uns nochmals um die Firma Stinki & Reichi Profumo aus dem Differenzialkapitel. Die Preis-Absatz-Funktion $p(x) = 15 \cdot e^{-\frac{x}{3}}$ hat beschrieben, welche Mengen x bei welchem Preis $p(x)$ verkauft werden können. Den Maximalerlös haben wir dort bei $x_0 = 3$ Mengeneinheiten (je eine Million Stück) und einem Verkaufspreis von $p(x_0) = 5{,}52$ Geldeinheiten (je eine Million Taler) gefunden. Er wird durch die „Fläche" $x_0 \cdot p(x_0)$ dargestellt. Mehr konnte die Firma aus dem Produkt nicht herausholen.

Anhand des Graphen erkennt man, dass die Firma bei einem Preis von 10 Geldeinheiten immerhin schon mehr als eine Mengeneinheit los geworden wäre und das zu einem höheren Preis.

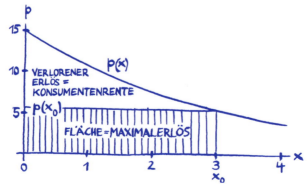

Substitution und partielle Integration | 18

Nun kann man folgende wirtschaftlich interessante Frage stellen:
Wie viel Geld hat die Firma bei jenen Käufern eingebüßt, die bereit gewesen wären,
das Produkt zu einem höheren Preis zu erwerben?

Der Maximalerlös wird durch die Fläche des Rechtecks *Absatzmenge·Preis* = $3 \cdot 5{,}52 = 16{,}56$ Geldeinheiten beschrieben. Ganz ähnlich wäre die Gesamtfläche unter der Kurve $p(x)$ der Erlös, den die Firma erwirtschaftet hätte, wenn jeder Käufer das bezahlt hätte, was er zu zahlen bereit gewesen wäre. Die Fläche unter dieser Preis-Absatz-Funktion lässt sich durch das Integral ermitteln.

Der von uns gesuchte „verlorene" Erlös entspricht dann der Fläche unter $p(x)$, vermindert um die Rechtecksfläche „Maximalerlös". Dieser „verlorene" Erlös kommt den Konsumenten zu Gute und heißt daher **Konsumentenrente.**

$$K_R = \int_0^3 p(x)\,dx - x_0 \cdot p(x_0) = \int_0^3 15 \cdot e^{-\frac{x}{3}}\,dx - 16{,}56 = 15 \cdot \int_0^3 e^{-\frac{x}{3}}\,dx - 16{,}56$$

Dieses Integral haben wir gerade ausgewertet.

$$K_R = 15 \cdot \int_0^3 e^{-\frac{x}{3}}\,dx - 16{,}56 = 15 \cdot (-3) \cdot e^{-\frac{x}{3}} \Big|_0^3 - 16{,}56 =$$

$$= -45 \cdot e^{-\frac{3}{3}} - (-45 \cdot e^0) - 16{,}56 = 11{,}88$$

Dieser „Verlust" von 11,89 Geldeinheiten (das sind $\frac{1}{3} \cdot 11{,}89 = 3{,}96$ Taler pro Stück) kommt also jenen Käufern zu Gute, die bereit gewesen wären, das Produkt auch teurer zu kaufen. Diese Konsumentenrente beträgt immerhin 71,8% des tatsächlichen Erlöses von 16,56 Millionen Talern.

Um ein bestimmtes Integral mit der Substitutionsregel auszuwerten, steht uns ein zweiter Weg offen, der die Rücksubstitution umgeht. Wir führen die Maßstabsänderung nicht nur im Integranden, sondern auch für die Grenzen durch, indem wir mit der Substitutionsgleichung die x-Grenzen 0 und 3 in die z-Grenzen 0 und -1 umrechnen. Dann sieht die Auswertung des Integrals wie folgt aus:

$$\int_0^3 e^{-\frac{x}{3}}\,dx = \int_0^{-1} e^z (-3 \cdot dz) = -3 \cdot \int_0^{-1} e^z\,dz = -3 \cdot e^z \Big|_0^{-1} =$$

$$= (-3) \cdot (e^{-1} - e^0) = 1{,}896$$

159

II | Integralrechnung

und damit das Ergebnis von vorhin:

$$K_R = 15 \cdot \int_0^3 e^{-\frac{x}{3}} \, dx - 16{,}56 = 15 \cdot 1{,}896 - 16{,}56 = 11{,}88$$

Zusammenfassung:

Allgemein können wir diese Substitutionsregel für eine zu substituierende Funktion $z = g(x)$ (also $dz = g'(x) \cdot dx$) folgendermaßen ausdrücken:

$$\int f(g(x)) \cdot g'(x) dx = \int f(z) dz$$

Natürlich hat das ganze Unterfangen nur dann einen Sinn, wenn $\int f(z) dz$ berechenbar ist.

Wann verspricht die Substitutionsmethode Erfolg? Kommen so komplizierte Integrale, wie sie die linke Seite der Formel zeigt, überhaupt vor?

(1)   Wenn $g(x) = z$ (wie in unserem Beispiel) eine lineare Funktion

$$g(x) = m \cdot x + b$$

ist, dann gilt

$$dz = g'(x) \cdot dx = m \cdot dx$$

mit einer Konstante m, deren Kehrwert bei der Substitution vor das Integral genommen werden kann und daher nicht mehr stört.

(2)   Die Ableitung $g'(x)$ der inneren Funktion steht tatsächlich im Integral als Faktor dabei. Dieser Fall tritt häufiger auf, als man meinen möchte. Das Integral von $\tan(x)$ ist so ein Beispiel – wenn man's erkennt.

$$\int \tan(x) dx = \int \frac{\sin(x)}{\cos(x)} dx = \int (\cos(x))^{-1} \cdot \sin(x) dx$$

Substituieren wir $z = \cos(x)$, dann ist $dz = -\sin(x) \cdot dx$

$$\int \tan(x) dx = \int z^{-1} \cdot (-1) dz = -\ln(z) + k = -\ln(\cos(x)) + k$$

160

Substitution und partielle Integration

Partielle Integration

Die Substitutionsregel ist – wie wir gesehen haben – ein sehr wirkungsvolles Integrationsinstrument. Dennoch gelingt es auch damit nicht, eine so einfache Funktion wie etwa den **natürlichen Logarithmus** zu **integrieren**. Dazu bedarf es einer weiteren Regel. Woher könnten wir diese Regel beziehen?

Eine Differenziationsregel, die wir noch nicht umzudrehen versucht haben, ist die Produktregel:

$$(f(x) \cdot g(x))' = f'(x) \cdot g(x) + f(x) \cdot g'(x)$$

Integration auf beiden Seiten der Gleichung führt zu:

$$\int (f(x) \cdot g(x))' dx = f(x) \cdot g(x) = \int f'(x) \cdot g(x) dx + \int f(x) \cdot g'(x) dx$$

Etwas brauchbarer wird die Regel in der Form:

$$\int f'(x) \cdot g(x) dx = f(x) \cdot g(x) - \int f(x) \cdot g'(x) dx$$

II | Integralrechnung

Das **ursprüngliche Integral** wird in zwei Teile zerlegt. Der **erste Teil** ist der einfache: Im Produkt $f \cdot g$ ist zwar auch die Integration von f' zu f versteckt, aber die lässt sich leicht durchführen. Man wählt nämlich f' geradezu so, dass diese Integration möglich ist.

Im Integral, das auf der rechten Seite steht, können noch Nüsse zu knacken sein. Wenn wir Glück haben, lässt sich dieses Integral ausführen. Es könnte aber auch sein, dass wir den Prozess der teilweisen Integration mit diesem Integral noch mal durchführen müssen oder andere Geistesblitze benötigen.

Da das linksstehende Integral nicht ausgewertet wird, sondern nur durch das rechtsstehende Integral ersetzt wird, heißt diese Regel: teilweise oder **partielle Integration**.

Die Regel zeigt, dass sie nur dann verwendet werden kann, wenn der Integrand ein Produkt ist.

Im oben erwähnten Beispiel $\int \ln(x)dx$ liegt nicht einmal ein Produkt vor, es ist aber leicht mit dem Faktor 1, also mit

$$\int 1 \cdot \ln(x)dx \, ,$$

herzustellen.

Nun kommt es sehr darauf an, welchen Faktor wir $f'(z)$ und welchen wir $g(z)$ taufen, in Hinblick darauf, dass wir $\int f'(z) \cdot g(z)dz$ nur in $\int f(z) \cdot g'(z)dz$ umwandeln können. Wenn das entstehende Integral nicht einfacher ist als das Ausgangsintegral, hat die Aktion nämlich keinen Sinn.

In unserem Fall ist

$$f'(x) = 1 \text{ mit } f(x) = \int 1 \cdot dx = x$$

$$g(x) = \ln(x) \text{ mit } g'(x) = \frac{1}{x}$$

die richtige Variante:

$$\int 1 \cdot \ln(x)dx = x \cdot \ln(x) - \int x \cdot \frac{1}{x}dx = x \cdot \ln(x) - \int 1 \cdot dx = x \cdot \ln(x) - x + k$$

Tatsächlich ist $(x \cdot \ln(x) - x + k)' = \ln(x)$.

162

Substitution und partielle Integration | 18

So einfach ein Kreis ist – seine Fläche mittels Integration zu berechnen, benötigt die Substitutionsmethode und die partielle Integration.

Gesucht ist die Fläche des Viertelkreises.

Dazu müssten wir das Integral

$$A = \int_0^r \sqrt{r^2 - x^2}\, dx$$

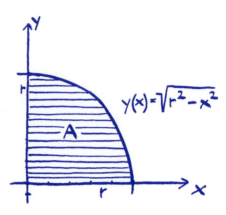

auswerten. Das ist aber gar nicht so einfach. Insbesondere kann man die Tricks, die es dazu braucht, nicht auf Anhieb selbst finden. Man muss sie einmal gesehen haben. Schon die **erste Substitution** mit der Variablen z

$$x = r \cdot \cos(z) \quad \text{mit} \quad dx = -r \cdot \sin(z) \cdot dz$$

und der **Transformation der Grenzen** von 0 auf $\frac{\pi}{2}$ und von r auf 0 ist nicht gerade naheliegend, obwohl man ihren Sinn nach dem Einsetzen schnell begreift:

$$A = \int_{\frac{\pi}{2}}^{0} \sqrt{r^2 - r^2 \cdot \cos^2(z)}\,(-r \cdot \sin(z))\,dz = \int_0^{\frac{\pi}{2}} r^2 \cdot \sqrt{1 - \cos^2(z)}\,\sin(z)\,dz = r^2 \int_0^{\frac{\pi}{2}} \sin^2(z)\,dz$$

Für das Integral

$$\int \sin^2(z)\,dz$$

benötigen wir die **partielle Integration.**
Die Regel zeigt, dass sie nur dann verwendet werden kann, wenn der Integrand ein Produkt ist.
Wir haben Glück – bei unserem Beispiel bietet sich das Produkt $\int \sin(z) \cdot \sin(z)\,dz$ förmlich an.

Wir setzen also

$$f'(z) = \sin(z) \quad \text{und ebenso} \quad g(z) = \sin(z).$$

Nun brauchen wir, um die Formel verwenden zu können, einmal

$$f(z) = \int \sin(z)\,dz = -\cos(z)$$

Substitution und partielle Integration | 18

und ein zweites Mal

$$g'(z) = (\sin(z))' = \cos(z).$$

In die Formel eingesetzt ergibt sich:

$$\int \sin^2(z)\,dz = -\sin(z)\cdot\cos(z) - \int -\cos^2(z)\,dz = -\sin(z)\cdot\cos(z) + \int \cos^2(z)\,dz$$

Nun sieht man die **Wirkungsweise dieser partiellen Integration** sehr deutlich: Wir haben $\int \sin^2(z)\,dz$ nur durch das ebenso schwierig berechenbare $\int \cos^2(z)\,dz$ ersetzen können. Und dennoch sind wir der Lösung schon sehr nahe, wenn wir $\cos^2(z)$ aus der Beziehung

$$\sin^2(z) + \cos^2(z) = 1$$

berechnen und im Integral einsetzen.

$$\int \sin^2(z)\,dz = -\sin(z)\cdot\cos(z) + \int (1 - \sin^2(z))\,dz =$$

$$= -\sin(z)\cdot\cos(z) + \int 1\,dz - \int \sin^2(z)\,dz$$

Wegen

$$\int 1\,dz = \int z^0\,dz = \frac{z^1}{1} = z$$

entsteht eine **Gleichung**, die links wie rechts das gesuchte Integral enthält. Schafft man es auf eine Seite der Gleichung, dann hat man bereits das Doppelte des gesuchten Integrals berechnet.

$$2\cdot \int \sin^2(z)\,dz = -\sin(z)\cdot\cos(z) + z$$

Das gesuchte Integral lautet dann

$$\int \sin^2(z)\,dz = \frac{z - \sin(z)\cdot\cos(z)}{2} + k\,,$$

wobei alle anfallenden Integrationskonstanten zu einer Sammelkonstanten k zusammengefasst sind.

II | Integralrechnung

Damit ist unser eigentliches Problem praktisch gelöst:

$$A = r^2 \int_0^{\frac{\pi}{2}} \sin^2(z)\,dz = r^2 \cdot \left. \frac{z - \sin(z)\cdot\cos(z)}{2} \right|_0^{\frac{\pi}{2}} = r^2 \cdot \frac{\pi}{4}$$

Das ist tatsächlich die Fläche des Viertelkreises.

Zusammenfassung:

Wann verspricht die partielle Integration Erfolg?

(1)   Es muss ein Produkt zweier Funktionen vorliegen – notfalls erzeugt man ein Produkt, indem man einen Faktor „1" beifügt.

(2)   Wenn ein Faktor der Sinus, Cosinus oder die Exponentialfunktion, der andere Faktor ein Polynom ist, so lässt sich dieses Polynom durch mehrfaches Anwenden der partiellen Integration durch ständiges Differenzieren auf eine Konstante reduzieren, die dann den Integrationsprozess nicht mehr stört.

(3)   Bei Potenzen von Sinus und Cosinus oder bei Produkten dieser Funktionen mit Exponentialfunktionen ist die partielle Integration erfolgreich, weil sich die Winkelfunktionen nach zwei Differenziationsschritten (bis auf das Vorzeichen) wiederholen. Damit entsteht eine Gleichung für das gesuchte Integral.

(4)   Bei Produkten von Polynomen und Logarithmen kann partielle Integration eingesetzt werden, weil der Logarithmus bei Differenziation im Wesentlichen x^{-1} liefert; ein Faktor, mit dem das Polynom multipliziert werden kann.

166

Abschluss
Happy End?

Die heutige Wissenschaft ist ohne Integralzeichen nicht mehr vorstellbar, sei es, dass wichtige Funktionen (z.B. die Gauß'sche Glockenkurve in der Statistik) über Integrale definiert sind, sei es, dass Differentialgleichungen gelöst werden müssen. In der Praxis stehen allerdings wertvolle Integrationshilfen zur Verfügung:

Früher hat man Integraltafeln zu Hilfe genommen. Heute leistet der PC Unterstützung: Computeralgebrasysteme können Stammfunktionen berechnen. Sollte es keine Stammfunktion geben oder sind nur „Flächenwerte" gefragt, dann hält er entsprechende Algorithmen bereit, um numerische Integrationen schnell und beliebig genau durchzuführen (siehe unseren Kriminalfall).

Das Gebiet der Analysis ist riesig: Integrationsmethoden, Differenzialgleichung, totales Differenzial... Die Analysis hat die ökonomische und technische Welt, in der wir leben, erst richtig belebt. Hier kann nicht das gesamte Gebiet der Analysis behandelt werden. Das Buch muss irgendwo einen Schlusspunkt setzen. Wir setzen ihn hier und wünschen dem Leser viel Freude und Erfolg beim weiteren Forschen und Arbeiten mit der Analysis.

ANHANG
ÜBERSICHTLICH UND PRAKTISCH

Piktogramme
Zum Nachschlagen

Differenzialrechnung

 Summen- bzw. Differenzregel $\quad (f(x)+g(x))' = f'(x)+g'(x)$

 Regel für den konstanten Faktor $\quad (k \cdot f(x))' = k \cdot f'(x)$

 Regel für den konstanten Summanden $\quad (c)' = 0$

 Regel für die Potenzfunktion $\quad (x^n)' = n \cdot x^{n-1}$

 Kettenregel $\quad (f_a(f_i(x)))' = (f_a(z))' = f_a'(z) \cdot f_i'(x)$

 Produktregel $\quad (f(x) \cdot g(x))' = f'(x) \cdot g(x) + f(x) \cdot g'(x)$

 Quotientenregel $\quad \left(\dfrac{f(x)}{g(x)}\right)' = \dfrac{f'(x) \cdot g(x) - f(x) \cdot g'(x)}{(g(x))^2}$

 Winkelfunktionen
$(\sin(x))' = \cos(x)$
$(\cos(x))' = -\sin(x)$
$(\tan(x))' = 1 + \tan^2(x)$

 Natürlicher Logarithmus $\quad \left(\ln(x)\right)' = \dfrac{1}{x}$

 Standard-Exponentialfunktion $\quad (e^x)' = e^x$

 Arcustangens $\quad (\arctan(x))' = \dfrac{1}{1+x^2}$

Anhang

Integralrechnung

 Summenregel $\qquad \int (f(x)+g(x))dx = \int f(x)dx + \int g(x)dx$

 Regel für den konstanten Faktor $\qquad \int k \cdot f(x)dx = k \cdot \int f(x)dx$

 Potenzregel $\qquad \int x^n \, dx = \begin{cases} \dfrac{x^{n+1}}{n+1}+k & \text{für } n \neq -1 \\ \ln(x)+k & \text{für } n = -1 \end{cases}$

 Cosinus $\qquad \int \cos(x)dx = \sin(x)+k$

 Sinus $\qquad \int \sin(x)dx = -\cos(x)+k$

 Exponentialfunktion $\qquad \int e^x dx = e^x + k$

Praxistraining
Alles klar?

Jetzt seid ihr, liebe Leser gefordert. Nachfolgende Aufgaben stammen genau wie die Aufgaben im Buch aus der täglichen Praxis. Wir geben hier einen Hinweis, welches Gebiet der Differenzial- oder Integralrechnung für die Lösung notwendig ist. Die ausführliche Lösung findet ihr im Internet unter *www.pearson-Studium.de*. Bitte einfach auf die Internetseite zum Buch *Mathe macchiato Analysis* gehen und nebenstehenden Button anklicken.

Differentialrechnung

D1: Bungee-Jumper - *Einführung Differenzialrechnung*

Ein Bungee-Jumper springt von der Europabrücke. Das Gesetz, nach dem er sich bewegt – zumindest solange das Seil sich noch nicht spannt – kennen wir bereits von Herrn Galileo Galilei:

$$s = \frac{g}{2} \cdot t^2$$

Wenn das Seil z.B. 80 m lang ist, braucht er ziemlich genau 4 Sekunden im freien Fall, bevor er durch das Seil gebremst wird.

Welche maximale Geschwindigkeit erreicht er?

Tipp: Rechne mit $g = 10$ m/sec².

Anhang

D2: Bilderrahmen - *Extremwertaufgabe*

Das erste Buch *Mathe macchiato* enthält ein Beispiel, das sich jetzt mit Extremwerten eleganter lösen lässt: Ein Maler hat eine wertvolle schmale Goldleiste von 160 Zentimeter Länge, die er – ohne dass dabei Verschnitt entsteht – als Rahmen für ein zu malendes Bild verwenden will. Das Bild soll dabei möglichst groß werden.
Wie groß muss das Bild dimensioniert werden?

D3: Economy-Rallye - *Extremwertaufgabe*

Der stündliche Benzinverbrauch y eines bestimmten PKW-Typs ergibt sich durch:

$y(x) = 0{,}0003 \cdot x^2 - 0{,}08 \cdot x + 10$

(x ist die Geschwindigkeit in km/h).

Welcher Weg kann mit einem Vorrat von 48 l Benzin maximal zurückgelegt werden?
Welche Geschwindigkeit ist zu wählen?
Welcher Verbrauch/Stunde ergibt sich?

D4: Balkendimensionierung - *Extremwertaufgabe*

Die Tragfähigkeit eines Balkens ist proportional der Breite und dem Quadrat der Höhe. Schneide aus einem kreisrunden Baum mit Minimaldurchmesser d einen Balken maximaler Tragfähigkeit heraus!

Gesucht ist das Verhältnis Breite: Höhe!

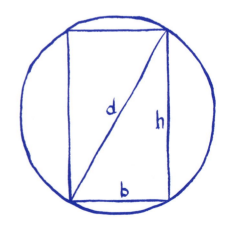

D5: Fermat'sches Prinzip der kürzesten Lichtzeit - *Extremwertaufgabe*

Das Licht bewegt sich so, dass es zwischen zwei beliebigen Punkten den schnellsten Weg wählt. Wenn es auf eine Trennlinie (z.B. Luft und Wasser) trifft, dann knickt es seinen Weg nach dem Brechungsgesetz:

$$\frac{\sin(\alpha)}{\sin(\beta)} = \frac{c_1}{c_2} = n_{1,2}$$

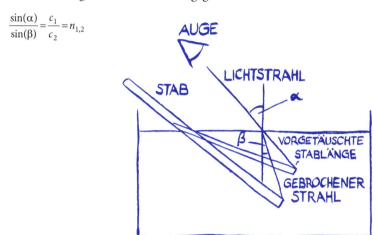

α und β sind die Winkel zum Lot auf die Trennlinie; c_1 und c_2 sind die Geschwindigkeiten in den beiden Medien (z.B. Luft und Wasser); $n_{1,2}$ ist der Brechungsindex.

Wie hängen die Größen α, β, c_1, c_2 und $n_{1,2}$ zusammen?

D6: Kosten – Nutzen - *Extremwertaufgabe*

Der Student Dick Kugel-Rund ernährt sich ausschließlich von Pommes (3 Taler) und Bier (6 Taler). Sein Budget ist mit 120 Talern begrenzt. Der Nutzen der beiden Ernährungsformen kann am Bauchumfang gemessen werden und verhält sich nach der **Cobb-Douglas-Nutzenfunktion**

$$U(P,B) = P^a \cdot B^{1-a} \text{ mit } a = \tfrac{3}{4},$$

also einer deutlichen Präferenz der Pommes.

Wie soll Dick sein Budget zwischen Pommes und Bier aufteilen, um einen optimalen Nutzen zu erreichen?

Anhang

D7: Stückkostenminimum - *Diskussion rationaler Funktionen*

Eine Kostenfunktion wurde aus empirischen Daten ermittelt:

$K: R \to R; \ x \mapsto K(x) := x^3 + 5 \cdot x + 6$

wobei x die Produktionsmenge (in 1.000.000 Stück) ist und $y = K(x)$ die Kosten (in MegaTalern) bedeuten.

Die Stückkostenfunktion $\frac{K(x)}{x}$ berechnet die Kosten pro produziertem Stück.

Diskutiere die Stückkostenfunktion und stelle fest, bei welcher Produktionsmenge die minimalen Stückkosten liegen!

D8: Kosten - Erlös - Verhältnis - *Diskussion rationaler Funktionen*

Die Markteinführung eines neuen und einzigartigen Fitnessgeräts ist riskant und muss gut vorbereitet werden. Deshalb hat der Fabrikant in einer Produktions-analyse die Herstellungskosten (K) für die Produktionsmenge (x) und – über Umfragen – die zu erwartende Absatzmenge (x) in Abhängigkeit vom Preis (p) schätzen lassen.

Die Kostenfunktion wird beschrieben durch

$K(x) = 0,00004 \cdot x^2 + 0,01 \cdot x + 500000$

und die Nachfragefunktion durch

$x(p) = 18000 - 100 \cdot p$

Der Chef entscheidet, dass die Produktion nur dann aufgenommen wird, wenn die Kosten unter 70% des Erlöses bleiben.

Nun ist der Projektmanager gefordert, zu prüfen, ob und für welche Produktions-mengen die Bedingung erfüllt werden kann.

D9: Ableitung der allgemeinen Potenzfunktion - *Exponentialfunktion*

Die Ableitung von $y = x$ ist auch dann $y' = \alpha \cdot x^{\alpha-1}$, wenn α keine natürliche Zahl ist.

Beweis mit $y = x^{\alpha} = e^{\alpha \cdot \ln(x)}$

D10: Standortproblem – Steiner-Weber (modifiziert) - *Extremwert, Newton*

Nach Steiner-Weber wollen wir den optimalen Standort eines zentralen Warenlagers für drei Produktionsstätten P_k ($k = 1, 2, 3$) bestimmen.

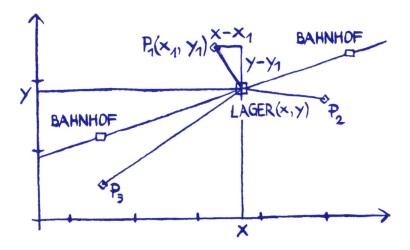

Der Standort des Lagers (x, y) ist so zu bestimmen, dass die Summe der Transportkosten, die proportional den Weglängen (Luftlinie) sind, minimal wird.

Zusätzlich ist die Forderung zu erfüllen, dass das Lager an der Bahnlinie liegen muss, da es Anschluss an ein Zubringergleis erhalten soll. Die Bahnlinie ist gerade und verläuft durch zwei Bahnhöfe mit den Koordinaten (5, 18) und (50, 45). Die Produktionsstätten haben die Koordinaten $P_1(15, 10)$, $P_2(50, 34)$ und $P_3(33, 50)$.

Anhang

D11: Gleisanschluss - *Kurvenmodellierung*

Eine Straße (ein Gleis) verläuft in einer Kurve nach der Funktion $f(x)$. An der Stelle $x = x_0$ soll eine gerade verlaufende Abzweigung $y(x) = m \cdot x + b$ gebaut werden.

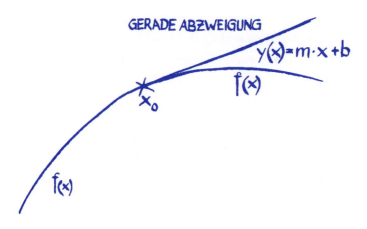

Welche Werte sind für m und b zu wählen?

D12: Landvermessung - *lineare Näherung durch Tangente*

Der Geometer Theo Dolit, ausgerüstet mit einem Laser-Entfernungsmessgerät und einem Theodoliten soll die Fläche eines dreieckigen Felds bestimmen. Er misst die Längen zweier Seiten a = 234,50 m und b = 184,30 m praktisch fehlerfrei und den eingeschlossenen Winkel $\gamma = 53°22' \pm 5'$. Dieser Winkel ist fehlerbehaftet.

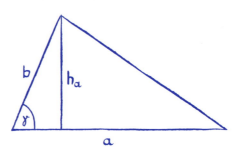

Schätze den Fehler, der bei der Fläche auftritt!

Integralrechnung

I1: Autoscheinwerfer - *Fläche zwischen zwei Kurven*

Der senkrechte Querschnitt eines Autoscheinwerfers, der in eine schräge Fahrzeugfront eingebaut ist, besteht aus einer Parabel und einer Geraden, die in der Ebene der schrägen Autofront liegt.

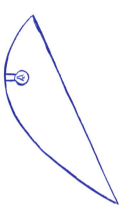

Der Konstrukteur hat den Querschnitt um den Parabelscheitel 90° nach links gedreht, die Kurven in ein Koordinatensystem eingebettet und dann für die Parabel und die Gerade folgende Gleichungen erstellt:

$$p(x) = \frac{x^2}{2} \text{ und } g(x) = x + 4$$

Nun ermittle als Praktikant der Firma die Querschnittsfläche.

Hinweis: Die Kurvenschnittpunkte bilden die Integrationsgrenzen!

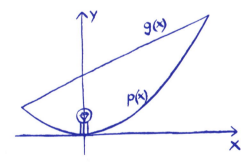

Anhang

I2: Boje - *Volumsintegral und Newton*

Eine kugelförmige Boje aus Holz (Dichte: 0,84 t/m³) hat den Radius $R = 3$ m.

Wie weit schaut sie aus dem Wasser (h) heraus?

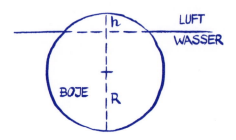

I3: Energie eines Wechselstroms - *Substitution und partielle Integration*

Durch die Wendel eines Heizlüfters ($R = 50$ [Ω]) fließt der sinusförmige Wechselstrom des Stromnetzes ($f = 50$ [Hz]) $i(t) = 6{,}5 \cdot \sin(2 \cdot \pi \cdot f \cdot t)$ [A].
Welche Wärmeenergie

$$W = \int_0^T u(t) \cdot i(t)\,dt = \int_0^T R \cdot i^2(t)\,dt$$

wird während einer Periodendauer $T = \frac{1}{f}$ *freigesetzt?*

Stichwortverzeichnis

123...

100-Meter-Läufer 18

A

Abfindung 142
abgleiten 33
Abituraufgaben 82
Ableitung 29ff
    allgemeine Potenzfunktion 177
    als Funktion 29
    als lineare Näherung 65ff
    als Vergrößerungsmaschine 56
    zweite 31, 82
    höhere 29
    Regeln 34ff
Absatzfunktion 103
Abzweigweiche 112
Algorithmen 167
allgemein 29
    zeigen 130
    Zeitpunkt 30
Änderung
    des Wachsens 100
    des Zerfalls 100
Anmache, plumpe 111
Annäherung
    lineare 65
    tangentiale 95
Archimedes 163
Arcusfunktion 107

Arcustangens
    Ableitung 107
Argument, verwinkelt 85
Attraktionsbereich 98
auf Zack 97
Augenblicksgeschwindigkeit 21
äußere Funktion 55
Auto 118
Autoscheinwerfer 179
axialsymmetrisch 79

B

Bahnhof 112, 142
Balken 140
Balkendimensionierung 174
Bedingungen 112f
Bemerkung, unverschämte 147
berechnend 62
Berührungspunkt 41
berührende Mathematik 41
Bewegungsverlauf 29
Beweis 130
Beschleunigung 32
Bilderrahmen 174
Binomische Formel 24
Bogenmaß 86
Boje 180
Bologna 122
Brechungsgesetz 60
Bungee-Jumper 173
Busen 85

181

Stichwortsverzeichnis

C

Clou 31, 86, 97, 127
Computeralgebrasysteme 167
Cosinusfunktion, Ableitung 90

D

Definitionsbereich 78
Differenzieren
 Vorraussetzung 33
 Umkehrung 117
Differenziale 28ff
Differenzialgleichung 99, 167
Differenzialquotient 25ff
Differenzialrechnung 11, 15ff
Differenziationsregeln
 grundlegende 33ff
differenzielle Größe 88
Differenzregel 37f
Doktortitel 78
Dolly Duft 102f
Drechsler 151
Drehkörper, Volumen 151
Dreieck
 ähnlich 87
 gleichschenklig 94
 rechtwinklig 87
Dr. Know 10ff
Durchschnittsgeschwindigkeit 19, 22
dynamisch 22

E

e 100
Economy-Rallye 174
Einheitskreis 85
Erfolg, Näherungsmethode 98

Erlös 46
Erlösfunktion 103
Energie, Wechselstrom 180
Etappenziele 147
Exponentialfunktion 100
 Ableitung 99, 106
Extremwerte 45ff, 81f
Extremwertaufgabe 46, 58, 72, 102,
 108, 174f, 177
Extremwertproblem 73

F

Fahrtenschreiber 135
Faktor, störender 156
Faltersammlung 79
Fallstrecke 20, 128
Fehlbetrag 139
Fehler 69
Fehlerabschätzung 139, 178
Fermat'sches Prinzip 175
Fernwärme 58
Filterblatt 72
Fitnessprogramm, mathematisches 63
Fläche 123ff
 orientiert 147
 unter Randfunktion 138
 Viertelkreis 164
 zwischen Kurven 179
Flächenberechnung 127
Flächendifferenzial 133
Flächenfunktion 131
Flächenzuwachs 131
Flirt 65
Flug 123
Flugzeug 123

Stichwortsverzeichnis

Fo-Tra 20, 143ff
freier Fall 17ff, 126f
Funktion
    diskutieren 77
    gerade 79
Funktionszuwachs
    linear 66
    quadratisch 68
Fußballplatz 108

G

Galileo Galilei 17, 122
Gegenwind 126
Geheimdienst 55
Geistesblitze 87, 162
Geld sparen 58
Geschiebe 140
Geschwindigkeit 17
    Änderung 32
Geschwindigkeitsfunktion 117
Geschwindigkeits-Zeit-Diagramm
    124f, 135
Gewinnfunktion 47
Gewinnzuwachs 46ff
Gipfelstürmer 45
Gleichung
    nicht lösbar 94
    Näherungslösung 95
Gleisanschluss 178
Grenze
    obere 129
    überschreiten 17
    untere 129
Grenzwert 26ff
    Flächensumme 139

Grenzgewinnfunktion 47
Großmutter 72
Grundintegrale 146

H

Haken 69ff
Happy End 167
Heizöltank 93
Heizwerk 60

I

Igor 10ff
innere Funktion 55
Integral
    bestimmtes 129
    geometrische Deutung 123, 127
    unbestimmtes 121ff
Integraltafeln 167
Integralzeichen 118ff
Integrand 119
Integration
    durch Substitution 155ff
    partielle 161ff
Integrationskonstante 121, 129
Integrationsregeln
    allgemeine 146
integrieren 118ff
Internet 12, 82, 173
Integralrechnung 11, 115ff
Intervall 138

K

Kaffeefilter 72
Kartesisches Netz 42
Katze 99
Kegelvolumen, Maximalwert 72

183

Stichwortsverzeichnis

Keksdose 51
Keksi 21
Kettenregel 55, 58, 89
Ketten sprengen 55ff
Kilometerzähler 118
Kleid 111
konkret 29
Konstante dazubasteln 144
Knick 33
konstante Funktion, Ableitung 37
konstanter Faktor
    Ableitung 36
    Integration 145
konstanter Summand, Ableitung 37
Konsumentenrente 159
Konventionen 12
Koordinatensystem 42, 112
Kopfnüsse 161
Kopfstand 141
Kopfstand-Klon 120, 143ff
Kosten 46
    Minimum 62
Kosten-Erlös-Verhältnis 176
Kosten-Nutzen 175
Kreisbogen 86
kreisrund 115
Kriminalfälle 135
krummliniger Zuwachs 68
krummer Wert 19
Krümmung 82
Kurven 65
    anpassen 111
    berühren 65
    diskutieren 77
    sehen 77

    sensationelle 82
    sinnliche 78
Kurvendiskussion
    ganze Funktionen 77
    rationale Funktionen 82, 176
    Umkehrung 111ff
Kurvenmodellierung 114, 178
Kurvenpunkte, typische 77

L

Landvermessung 178
Latte macchiato 9
Leibniz 11, 21, 119
Liebe 98
Linkskurve 50
Logarithmus 106
Lokale Extrema 51
Lücke 33

M

makroskopische Interpretation 66
masochistisch 158
Maßstabsänderung 156
Mathe macchiato 9
    Analysis 9
Mathe Haari 10ff
Maximum 49ff
Mikrokosmos 21
Minimum 49ff
Mist-Rolle 85
Momentangeschwindigkeit 21ff, 117
Maximalerlös 104
Maximalgeschwindigkeit 25
Mutter Natur 77

Stichwortverzeichnis

N

Nachbarwerte 67
Näherungsverfahren 93
  Erfolg 98
natürlicher Logarithmus
  Ableitung 106
  Integration 161f
Nebenbedingung 52, 73
Newton 11, 21, 117
  Idee 96
  Näherungsverfahren 93ff, 177, 180
neue Maschinen 33
Neuzeitmathematik 29
Nonstandard Analysis 11
Nullstelle 80
  der Tangente 97
numerische Integration 135
Nummerngirl 34
Nuss 21

P

Papiertrichter 72
Paraboloid 153
Parameter 113
Parfum 102
partielle Integration 161, 180
Pax romana 163
Piktogramm
  rechteckiges 34ff
  rundes 34ff
  nachschlagen 171
Pilot 118, 123
Pisa 11, 17, 122
Potenzfunktion
  Ableitung 35

Integration 145
Praxistraining 11, 173ff
Präzisionsarbeit 41
Preisfunktion 104
Produkthaken 69
Produktionskosten 46
Produktionssteigerung 48
Produktregel 70
  Umkehrung 161
Puppenmodell 55
punktsymmetrisch 83

Q

Quotientenhaken 69
Quotientenregel 71

R

Randkurve 130
Randfunktion 138
Rechnerei 95
Rechtskurve 50
Regel 33ff
Rest 67
  der uns trennt 67
Robinson Abraham 11
Rotation 151
Rücksubstitution 157

S

scheibchenweise 151
Schiefer Turm 17
Schienenmitte 114
Schlaumeier 121
Schlepplift 45
Schnapsglas 153

Stichwortsverzeichnis

Schnapsidee 151
Schönheit 39
    Wettbewerb 79
schreibfaul 88
Schussposition 108
Schwarzes Loch 37, 121
schwierig 119
Segmentfläche 94
Sekante 20ff
sinnlos 117
Sinusfläche 149
Sinusfunktion, Ableitung 85ff
Sinuskurve 148
SPQR 163
Stammfunktion 123, 141
Standfoto, fallender Stein 26
Standortproblem 177
Startpunkt 96
Steigung 22
    der Tangente 23, 31, 43, 66
    als Koordinate 31
Steigungsdreieck 31
Stinki & Reichi 102, 158
Stoppuhr 21
Straßenverlauf 111
Stückkostenminimum 176
Substitutionsgleichung 156
Substitutionsregel 155f, 180
    bestimmtes Integral 159
Summe, Teile 117
Summenregel
    Differenziation 37f
    Integration 135f
Super-Mega-Lupe 21, 27, 56, 88, 131
Symmetrieeigenschaften 79

T

Tachometer 118
Tangente 23ff
    an eine Kurve 41
    Gleichung 43
    horizontale 49
    Steigung 43, 66
    durch Startpunkt 96
Tangensfunktion, Ableitung 91
Tangentenroute, kesse 36
Tank 93
Taschenlampe 41
Tor 108
totales Differenzial 167
Treibstoff 124
Tra-Fo 39
Trapezakt 135
Trapezfläche 136f
Trapezformel 139
Trassenführung 111
Trick 71, 90
    grandioser 24
Trickkiste 155
Tunnel 137

U

Uhrzeigersinn 148
Umkehrfunktion, Ableitung 105
Umkehrregel 105f
unschuldig 135

V

vergrößern 56, 156
verkleinern 56, 156
Verkehrskontrolle 136

Stichwortsverzeichnis

Vertreter 59
Verwandtschaftsverhältnis 30
verwinkelt 87
verzwickt 87
Volumendifferenzial 152
Volumenmaximum 75
Vorwort 9

V

Wachstumsgeschwindigkeit 99
Wachstumsprozess 101
Wahrheit 135
Wegdifferenz 23
Wegfunktion 117
Weierstrass 11
Wendepunkt 80f
Wiederholung 87
Winkelfunktionen
    Ableitung 85
    Integration 146
Wirtschaftlichkeitsprognosen 45

Z

Zeitdifferenz 23
Zerfallsprozess 101
Zielfunktion 52, 73
zickig 97
Zickzackkurs 93
Zuwachs
    Faktor 67
    linearer 68
    krummliniger 68
    quadratischer 68, 70

Statistik in Cartoonform - einzigartig und amüsant, so macht Lernen richtig Spaß!

Statistik Macchiato ist ein unentbehrlicher Begleiter und Ratgeber für ein erfolgreiches Abitur und für den schnellen und mühelosen Einstieg ins Studium.
Dieses Arbeitsbuch veranschaulicht und erklärt die Statistik mit Cartoons und bewältigt dabei den grundlegenden Lehrstoff des Gymnasiums, der für Statistikvorlesungen an den Hochschulen Voraussetzung ist. Das Buch ist darüber hinaus aber auch für alle geeignet, die im Beruf Statistikkenntnisse benötigen oder die einfach die Grundlagen von Prognosen und statistischen Analysen verstehen wollen.

Statistik macchiato
Andreas Lindenberg; Irmgard Wagner; Peter Fejes
ISBN 978-3-8273-7241-2
14.95 EUR [D]

Pearson-Studium-Produkte erhalten Sie im Buchhandel und Fachhandel
Pearson Education Deutschland GmbH
Martin-Kollar-Str. 10-12 • D-81829 München
Tel. (089) 46 00 3 - 222 • Fax (089) 46 00 3 -100 • www.pearson-studium.de

Ein humorvoller Zugang zur Chemie - einzigartig, amüsant und lehrreich

Chemie macchiato präsentiert auf ungewöhnliche Weise den grundlegenden Chemie-Lehrstoff der allgemeinen und anorganischen Chemie sowie eine Einführung in die Organik. Cartoons und viele Analogien aus dem täglichen Leben bereiten einen neuen, humorvollen Zugang zur Chemie. Dieses Buch ist gleichsam ein chemischer Aperitif und macht Lust, noch weiter in diese Materie vorzudringen.

Chemie macchiato
Kurt Haim; Johanna Lederer-Gamberger; Klaus Müller
ISBN 978-3-8273-7242-2
14.95 EUR [D]

Pearson-Studium-Produkte erhalten Sie im Buchhandel und Fachhandel
Pearson Education Deutschland GmbH
Martin-Kollar-Str. 10-12 • D-81829 München
Tel. (089) 46 00 3 - 222 • Fax (089) 46 00 3 -100 • www.pearson-studium.de